CONTENTS

- 2 はじめに
 長谷川順持
- 4 都心中央区のまちづくりの歩み
 吉田不曇／中央区副区長
- 8 銀座の路地
 岡本哲志／法政大学サステイナビリティ研究教育機構研究員・都市形成史家
- 12 相原　俊弘／S.D.G
- 14 飯島　庸司／ジムス建築設計事務所
- 16 及川政志／空間設計
- 18 大内　達史／協立建築設計事務所
- 20 筬島　亮／山下設計
- 22 小田　惠介／東西建築サービス
- 24 齊藤友紀雄／日本システム設計
- 26 後藤哲男／長岡造形大学
- 26 佐藤守／後藤設計室・アーキシップ帆
- 28 杉浦英一／杉浦英一建築設計事務所
- 30 長谷川順持／長谷川建築デザインオフィス
- 32 藤沼　傑／山下設計
- 34 細井　眞澄／真澄建築設計社
- 36 安田俊也／山下設計
- 38 山本　浩三／山本浩三都市建築研究所
- 41 中央地域会について
 日本建築家協会（JIA）関東甲信越支部「中央地域会」
 「中央地域会」設立趣意書
- 48 「中央地域会」の主な活動
- 50 「中央地域会」会員名簿
- 52 協力企業一覧
- 54 編集後記

はじめに

長谷川順持
長谷川順持建築デザインオフィス・代表取締役

中央区に在住、在勤する建築家達

それが日本建築家協会・中央地域会のメンバーです。意匠・構造・設備と専門分野も様々で、これまでの実績も国内外にわたっています。地域会が組織されて5年目を迎えようとしていますが、パンフレットもない状態のまま活動を重ねてきた本組織を紹介するメディアをつくろう、そして、中央区の生活者の方々や、企業の方々、あるいは行政に中央地域会を伝えるためにまずは「本」づくりをしよう、ということから準備が進められてきました。そして、ようやくこの本誌が完成した次第です。

住処（すみか）としてのポテンシャルは高い

南北にわりと細長いプロポーションの中央区。日本橋エリアから浜離宮まで展開するこの区は、実は、自転車で走ってみると、区内を一周する事はそう難しい事ではない大きさです。江戸地図に見られる掘り割りは随分と失われてしまいましたが、それでも水辺空間が美しく、そこここに歴史的な情緒が垣間見える一方で、超・超高層レベルの建築物も林立し、あっという間に古びたビルが姿を消し、数倍の高さに姿を変えてゆく商業的色彩が強いのもこの街の特徴です。区外の方々は怪しむのですが、住んでいる本人としては、この街の「住処としてのポテンシャルは高い」と感じています。ですが、「問題はコミュニティ！」です。

建築家とまちづくりのなかまたち

C・A／コミュニティ・アーキテクツを目指して

中央区に事務所をかまえ18年、現在は住まいも中央区にあって、毎朝隅田川沿いを徒歩で通う暮らしを続けながら、日常の仕事はと言えば、そのすべてが中央区以外の仕事。職業柄「暮らす」とは「住まう」とはどういうことかな、と自らに問うてしまうのですが、その回答は、「家に住む」これは当然として、更に「この街にも住んでいる」という実感があってこそ「真にこの街に暮している」と言えるのだろうと思うのです。さすがに長く居しているので、地域の友人は増えました。しかしながら、暮らしを重ねるごとに、地域コミュニティを育むことが、なかなか困難な街だなというのが、正直なところです。

一例ですが、この本づくりを推進している間に、奇しくも東北エリアの震災がおきました。高層集合住宅での地震体験を目の当たりにした、わが家族の経験談ですが、エントランスホールに次々に降りて来る住人は、はじめてお会いする方々ばかりだったそう。もちろん高層マンションでも、管理組合や自治会が活発な組織もあるので、この例だけで一概にはいえませんが、人間関係はまことに「粗」。「粗」でありたいと望んでいるかのようですね。非常事態があってはじめて「コミュニティ／関わりあい」というものの意味や目的が生活者のなかに実感として生まれることもわかりました。地震以降のわが集合住宅での「挨拶」がとても増えた事実がそれを示しています。とても大切な事です。

そうした高層型の集合住宅が区の人口12万人の多くを占め、更に働く人、訪れる人『つまりヨソモノ』が多い昼間人口は70万人を超えるこの地域の実態です。この街のコミュニティづくりは、単純にいえば、誤解を承知で簡単にいえば「ヒト」が重要ですね。そして、その「ヒト」が、いかに「まごころでコトを結ぶ」かでしょう。

わたしたち「建築職能集団」は「モノ」つくりを通じて、「ヒトづくり」や「コトづくり」を続けてきたメンバーです。わたくしたちが、たまたまかもしれませんが、暮らし、働くこの地域で、どのような価値を提供して行けるのか。それを語りあい、また行動に落し込むうえでの、プラットフォームのような役割をこの地域会は担っています。

本誌は完成して終わりでなく、地域との交流が目的で創られましたので、これから大いに活用して参りましょう。そしてこの書籍を手にした皆様、どうぞ地域会に加わっていただいて、未来の「コミュニティ／関わりあいづくり」をいっしょに行ないましょう。

都心中央区の まちづくりの歩み

吉田 不曇
中央区副区長

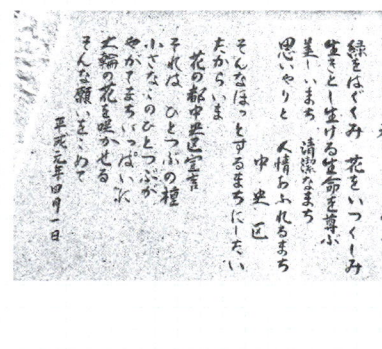

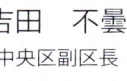

指導要綱からのスタート

中央区にまちづくり関連部署が設置されたのは昭和48年（1973年）のことである。本区が池田弥三郎慶大教授を座長として組織した審議会で「中央区再開発基本構想」がまとめられたことや、箱崎にシティーエアターミナルが建設されたことを契機としたものであった。しかし成長経済のさ中、天井知らずに地価が高騰する昭和50年代、区のまちづくり部門はあまり積極的な役割を果たせなかったのが実情である。ただし、この時代の後半、経済効率の観点から隅田川沿岸の倉庫・工場の住宅・事務所への用途転換が相次ぎ、新川・箱崎の中高層ビルやスーパー堤防が作られ、佃のリバーシティが建設された。これらの動きに区は「大川端作戦」と称して参加し、当時既に深刻化しつつあった人口減少に歯止めをかけるための住宅や学校の建設、親水性のまちづくりを指導し、今日のまちの骨格が出来上がったことは明記されて良い。

区が独自性を発揮し都と一線を画してもまちづくりに対処しなければならない事態が生まれたのは昭和59年である。区内のそこここに「底地買い地上げ」が跋扈し、町会などの地域コミュニティが激しく揺さぶられ、年間の人口減少が4000人超という状況が生まれたのである。夜間人口が減り、そのため銭湯や日用品店舗などのサービス施設が減り、その結果住んでいるには不便ということでまた人口が減るという悪循環が誰の目にも明らかに見えるところまで深刻な状況が生まれたのである。そして、諸悪の根源は「底地買い地上げ」であり、具体的な対処方策を区が作らなければという風に議論が進んでいった。しかし「底地買い地上げ」とは言っても民間の不動産売買であり直接規制は出来ないためその対処方策は極めて難しく、苦慮を重ねた上、生み出されたのが「中央区開発事業指導要綱」である。この要綱は、不動産売買には関与せず、その結果としての開発ビルの中身を規制しようとするもので、隅田川沿いの京橋日本橋地域や月島地域ではどのようなビルでも住宅を作らせる、いわゆる住宅付置要綱である。

当時、国レベルでは中曽根民活の真っ只中で、末端の自治体が要綱などを作って民間事業者を規制するなどとんでもないという雰囲気が横溢していたので、国や都との協議は難航したが、幸い世論の支持があり他の区も追随する状況が生まれたため世に送り出すことが出来た。

この要綱づくりの体験は本区にとって非常に大きく重いもので、基礎的な自治体として、国や都の下請けではなく、区と区民の利害を背負って独自に活動しなければならないし、それが出来ると可能だと自信を持てた経験でもあった。これをきっかけに本区らしいまちづくりが次々展開されることになる。

再開発事業への取り組み

本区では既に、法定再開発事業が8件、任意の共同化2件、土地信託が1件竣工している。また、都市計画決定されてい

建築家とまちづくりのなかまたち

る再開発も4件あり、これらが昭和の終わりから約25年の間に まとまったことは振り返ってみて、やはりちょっとした驚きである。

このように多くの再開発が現出したことには、さまざまな理由が考えられる。都心部であるが故に戦後いち早く復興しそのため逆に老朽化の進んだまちになっていたこと、地上げ底地買いにより虫食い状態で放置され早急な是正が望まれる街区が存在したこと等が挙げられるが、最も本質的理由は、土地の価値と敷地規模の不整合であるように思われる。本区の土地はどこでも極めて高額なのだけれど、その価値は500坪とか1000坪とかまとまらないと発揮されない。ところが本区は江戸期ほとんどの地域が町屋であったため、平均の宅地規模は20坪に満たない。そんな規模で8階建てを建てようとする人はいないし建てたところで階段とエレベーターのビルということになる。そこで当然の経済的結論として、地上げによる共同化か再開発による共同化ということになり、バブル崩壊により地上げが停止したため再開発が進んだというのが露悪的かもしれないが客観的判断ではないだろうか。

しかしながら、これら多数の再開発を指導する中で、区としてこだわり続けたテーマ、「住み続け働き続けられるまちづくり」が、区民に歓迎されたことも、再開発が進んだ理由の一つである。人口回復を政策目標として掲げ、「地上げ」のアンチテーゼとして再開発を推進している区としては、既存の住民が全て残る事業、限りなく転出率が0の事業を目指すことになる。そのため小さな権利者の権利の保護や、生活の保全には区として大きな力を注いでいる。

通常再開発においては、借家の人は家賃がかなり高くなり転出を余儀なくされるが、本区においては家賃補助が行われ大きな負担増がないので住み続ける方が極めて多い。それは区が大規模開発や再

開発の高採算部門から開発協力金を徴収して創設した「コミュニティファンド」基金から家賃補助を行うシステムが出来ているからなのである。また、本区の再開発の権利者の中には、自分の住宅を所有するとともに2～3坪を区に貸して頂いている方も多い。再開発ビルの中に居住すれば毎月管理費と修繕積立金がかかるが、年金暮らしのお年寄りには相当の負担になるので、権利変換の中で取得できる床を全部自己使用しないよう指導し区が借りた2～3坪を集めて区は、地区内の借家人に住んで頂いたり、区民全体に向けた再開発住宅として活用している。このように「すみ続け働き続けるまちづくり」

地区計画の推進

本区は震災後とか戦後とか、いち早く復興したためまちの主要な部分に老朽化が見られ、既存不適格建築物や違法に近い建築が多い。その上、都市計画法や建築基準法が年々詳細化されるものだから、建て替えると現状より狭くなってしまうというような問題が生じ、違法な増築や用途変更が頻発する状況となっていた。このような事態を解消するには再開発ということになるのだが、区内全域を再開発することなど出来はしないし、まちの個性を考えるとそうすべきでもない。そこで、当時の建設省に協力頂いて、法制上の不適格問題をクリアでき都心部でも使え人口回復にも寄与できる地区計画を、ということで「用途別容積型地区計画」や「まちなみ誘導型地区計画」を作って貰い、これらをほぼ区内全域に定めたのが平成12年である。斜線制限や隣地斜線を撤廃し絶対高さと壁面線が定めてあるため設計の自由度は高く、地域固有の用途制限も添加できるため問題解決能力に優れた制度であると考えている。

この計画策定作業の中で最も苦労したのは、月島地区の路地に沿った長屋の建て替えであり、計画自体は後に京都の祇園計画の参考になるほどよいものだった

のだが、居住者の高齢化など建て替えが進まずあまり使われていないのが残念である。

この地区計画は、区内12のまちづくり協議会毎に策定しているために、問題の生じた地域では地域単位で地区計画の改正が行えることとなっており、その改正の最も代表的事例が平成18年の銀座ルールの改正である。この改正は、地区計画に定めのなかった「特区」制度による開発事例が3件銀座に集中したために起きたものであり、「銀座に超高層は似合うのか」という大論争になり足掛け3年地元の協議でも高さの制限を行える地区計画として改訂したのである。また、この協議の過程で「高さ」ばかりでなく景観全体が問題となり、建築物や看板などの工作物のデザインや色調を審査する地元の組織「銀座デザイン会議」が誕生したことと、「デザイン会議」の審査結果を公的な確認や許可に活かすシステムが作られたことは本区のまちづくりにとって大きな前進であった。

今日まちづくりについては様々な議論があり、とりわけ景観については、したり顔の専門家も多いものだからにぎやかである。しかし、主観が入り込まないと保障できない領域に行政が手を出すべきではない。そのまちの人々がどう考えるかが大事であり、その考えをどう活かすかが大事なのではないだろうか。その意味で、地域毎の地区計画というものは大きな意味をもっているし、社会の変革に併せて十分な地元協議の下に柔軟に変更するならば今後ともまちづくりの大きな武器になると考えている。

のために、再開発のハード以前のソフトなシステム開発に努力すること、前例が無くとも手作りで制度をつくり国や都に認めさせることが、本区の再開発の特徴であり、今後もそうありたいと願っている。

建築家とまちづくりのなかまたち

国際交流都市中央区を目指して

リーマンショック以来の深刻な不況の中にあっても、本区への人と企業の集中は止まっていない。一極集中社会が形成されつつあり、その核が千代田・中央・港・江東となってきていることは既に明らかである。これらの地域で日本全体が必要とする「富」を稼ぎ出さなければならないのである。しかし現状は、大阪や名古屋などの本社機能を東京に集中させているだけで日本全体の「富」の増進につながってはいない。世界に向かって、シンガポールや上海やソウルを越えて、アジアの情報・経済のセンターは東京であると認知させるようなまちづくりこそ今求められているのではないだろうか。

上海などの急ピッチなまちづくりを見る時、立ち遅れた感じは否めないが、日本にはそして東京には、おおらかな宗教観と貧富格差の少ない社会構造に支えられた「安全・安心」という大きな武器があり、それだけでもアジアのセンターとしての資格は十分であるはずだ。しかし、資格を実体に変えていくには、羽田の国際空港化を一層強化することや、有明のビッグサイトを飛躍的に拡張し国際会議場やコンベンションの機能を充実すること、英語教育を徹底しまち全体のホスピタリティにつなげることなど、様々な総合的対策が国家戦略として取り上げられスピーディに着実に実行されることが必要である。

このような国際化に向けた流れは政治的混乱の中で澱むことはあっても大きくは変わらない。だとすれば、この流れを、どのように受け止め、区民一人ひとりの生活の豊かさにつなげていくかが本区のまちづくりの今後の課題である。

国際化といえば本区においても、再開発を通じて東京駅八重洲口広場を抜本的に改修し、羽田と東京駅をシャトルバスでつなぐなど緊急に実施されなければならない具体的課題もある。しかし、それらの課題をこなしながらも、大事にしなければならないのはそのまちの歴史であり個性であると思う。本区のまちづくりにおいては、決して丸の内や新宿副都心を目指してはならない。必要があれば再開発もするが、その隣に、しもた屋があっても良いと、常に考えてほしい。机の上での「整然」や「統一」の美を求めてまちの個性を殺すことがないようにし

てほしい。というのも、これまでの本区のまちづくりのテーマが「人」を「まち」を残すことにあったからであり、超高層のインターナショナルな表情より、混然としたまちのたたずまいの方が、日本の東京のそしてわがまちの良さを海外の方々に伝えられるし、かえって喜ばれると思うからである。

すると思うからである。底地買い・地上げの荒波から早や25年、徹底して「人」と「まち」にこだわることが、まちづくりの基本だと改めて思う。

銀座の路地

岡本哲志
法政大学サステイナビリティ研究教育機構研究員・都市形成史家

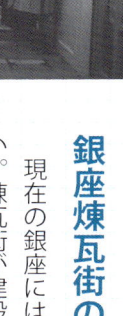

現在、50以上の路地が銀座にある。路地を丹念に歩くと、「I型」、「L型」、「T型」といった路地のかたちに集約できる。「I型路地」はさらに通りに垂直な「短いI型」と、通りと平行する「長いI型」とに分けられる。しかも、路地は様々な時代の銀座を映し出してきている。

銀座煉瓦街の路地

現在の銀座には、江戸時代の路地がない。煉瓦街が建設された明治初期、路地の形態が大きく変貌したからである。煉瓦街に誕生した「長いI型路地」は、幾つもの敷地を貫き、100m以上も長さとなる。この路地の形態は、西洋風の列柱やベランダを意匠に、統一した連続的な街並みにする一方で、煉瓦建築に囲われた内側で暮らす人たちの生活を維持する役割も担った。

銀座七丁目の豊岩稲荷のある路地に入ると、「長いI型路地」が体験できる。交詢社通りから花椿通りまで、排気口の風に悩まされる狭い空間は、一世紀以上も昔にタイムスリップするようで面白い。途中、自動ドアが3つある。思いもかけない創意でつくられた新たな空間は、長く土地に刻まれた記憶を消すことなく、継承した。煉瓦街の時代が息づいているからこそ、新しいビルで占められる銀座が風格ある都市空間であると実感する。

昭和初期の路地

関東大震災を経た昭和初期、路地は「I型」から「L型」に変化する。暗黙のルールでもあるかのように、街の変化と共鳴する路地があった。関東大震災後、昭和10年ころまでに、130棟を超える近代建築が銀座に建つ。一方華やいだ賑わいの内側では、一万人を超す人が生活の場としていた。多くは裏路地のしもた屋や長屋で暮らす人たちである。路地は、まるで生き物のようにL型に変化し、異なる環境を見事に共存させる。

銀座四丁目の並木通り裏に、宝童稲荷の鎮座する「L型路地」がある。銀座西四丁目銀友会を組織する町会の方々は稲荷と路地を維持し続けてきた。銀座の強みは、それらを守り育てることが、表の銀座を輝かせると知っていることだ。

建築家とまちづくりのなかまたち

戦後の路地

建物疎開した空地に、戦後間もなく新しく路地ができた。江戸城下町建設時、計画的に整備された「短いI型路地」をまるで真似するかのように。今日的課題でもある、賑わいを呼ぶ空間づくり、コンパクトな空間の再生、そんなヒントが戦後の「短いI型路地」に潜む。路地とそれに連なる店のパッケージ化された空間の仕組みは、狭さを逆に武器にして賑わいを生みだし、人の流れをつくってきた。これからのサステイナブルな空間システムのモデルを戦後の路地に見ることができる。

銀座八丁目の路地を歩くと楽しい。あたかも江戸時代からあるような顔をした戦後の「短いI型路地」が出迎えてくれる。短いI型が長いI型と融合し、「T型路地」が新たに形成され、複雑な路地群に小さな店が増殖する。これはあまり理解されていないが、戦後の路地がきっかけとなり、銀座ははじめて面的な商業空間の賑わいを勝ちえた。

現代の路地

銀座通りを歩いていると、建て替わった新しいビルが次々とあらわれる。それらの特徴の一つとして、ビルの中に裏通りまで抜ける路地が新たに設けられたことだ。例えば銀座七丁目であれば、ニコラス・G・ハイエックスセンターがある。水平にも垂直にも路地がイメージされた。その斜め向かいにあるギンザグリーンは煉瓦街時代の路地とビルの中にできた新しい路地が融合する。また、街中の路地も変化しはじめている。

ブルガリのある銀座二丁目東側は、関東大震災以降ギャバレー街に変貌した。永井荷風が『つゆのあとさき』で克明に描写した場所である。現在は、ブルガリの他、高級店が並ぶ街並みに当時の面影はみじんも感じさせない。ただ唯一ティファニー本店と英國屋の間にある、小説の主人公も入った路地が歴史の代弁者となっている。その路地が今面白い。日が暮れ、多くの人たちが行き来する銀座通りから、吸い込まれるようになか路地の中ほどから地面に照明があてられ、素敵な雰囲気を醸し出す。そこを抜けると、路地に椅子が置かれ、ワインをテイスティングさせてくれる店が待ち受ける。路地の先の銀座通りを行き来する人たちを眺めながら、のんびりとワインが味わえる。銀座の路地は、確実に新たな時代の都市空間づくりに参画していると感じる。

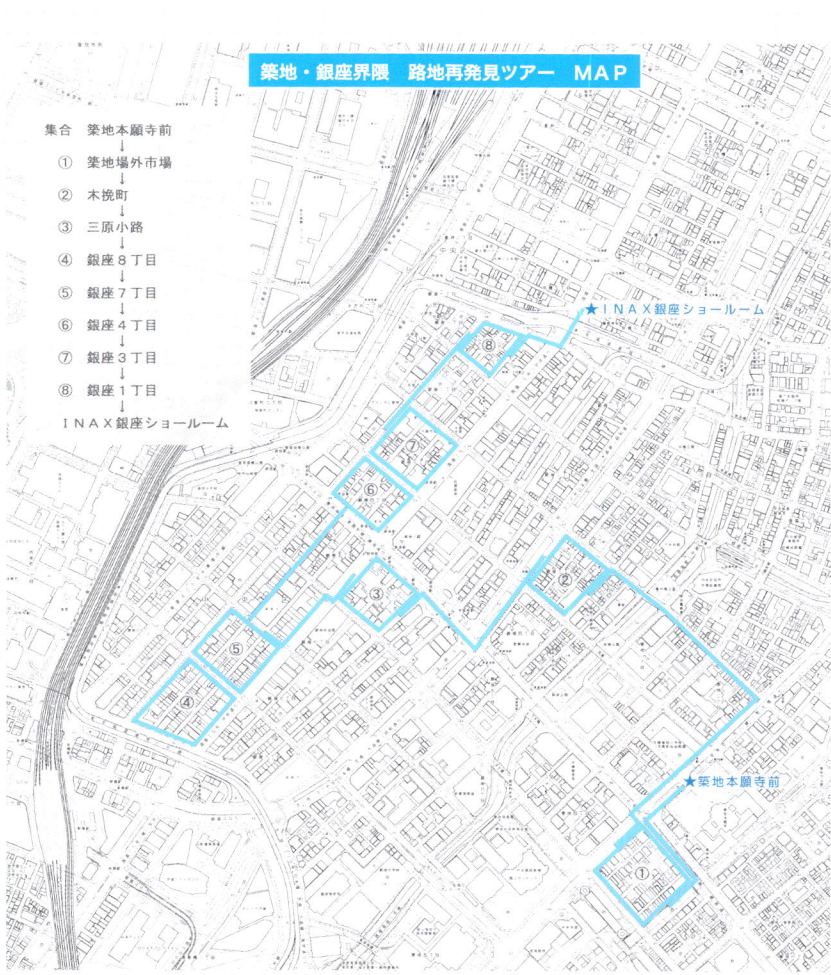

撮影：長谷川順持

Activity of architects

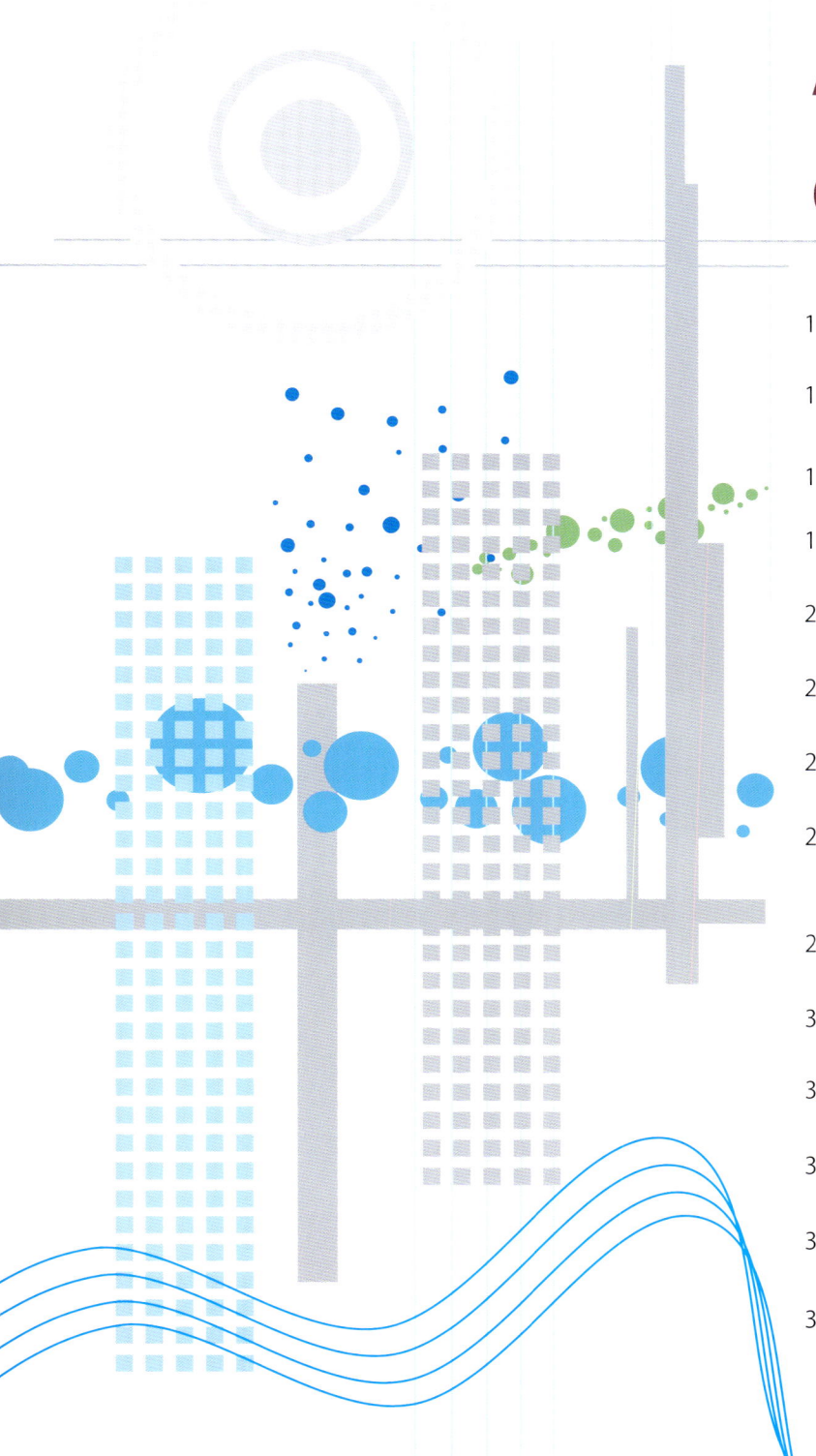

12 相原　俊弘／S.D.G
新素材のアラミド繊維を用いたハイブリッド構造の開発・研究

14 飯島　庸司／ジムス建築設計事務所
美容の最先端を支えるスタジオ空間

16 及川政志／空間設計
笑顔を求め

18 大内　達史／協立建築設計事務所
文化を育む建築

20 筬島　亮／山下設計
地域の環境に呼応する

22 小田　惠介／東西建築サービス
いかに持続する環境をつくるか、そしていかに次世代に継承するか

24 齊藤友紀雄／日本システム設計
ちょっとエコなデザイン覚書き

26 後藤哲男／長岡造形大学
　 佐藤守／後藤設計室・アーキシップ帆
子供への良寛さんの思い、地域の人たちの気持ちを形にする

28 杉浦英一／杉浦英一建築設計事務所
創造性と品格のある建築を目指す

30 長谷川順持／長谷川建築デザインオフィス
多様な生物の暮らせる都市へ

32 藤沼　傑／山下設計
スリランカで省エネ建築を設計する

34 細井　眞澄／真澄建築設計社
地域に根ざした芸術・文化の「夢を現実に」

36 安田俊也／山下設計
都市を新しい森にする？

38 山本　浩三／山本浩三都市建築研究所
住民と建築家のコラボレーションで住まいをつくる

新素材のアラミド繊維を用いたハイブリッド構造の開発・研究

Aramid fiber : a hybrid structure system using new material.
「2005年度 IASS 国際空間構造学会 最優秀論文賞受賞」

|山寺郵便局|石造文化の研究|

山寺郵便局（外観）

①接着樹脂の塗布
②アラミド繊維シート張付
③接着樹脂の塗布
④2層目の木質屋根の架設
アラミド繊維補強による木質HPシェルの大屋根

鉄骨張弦梁

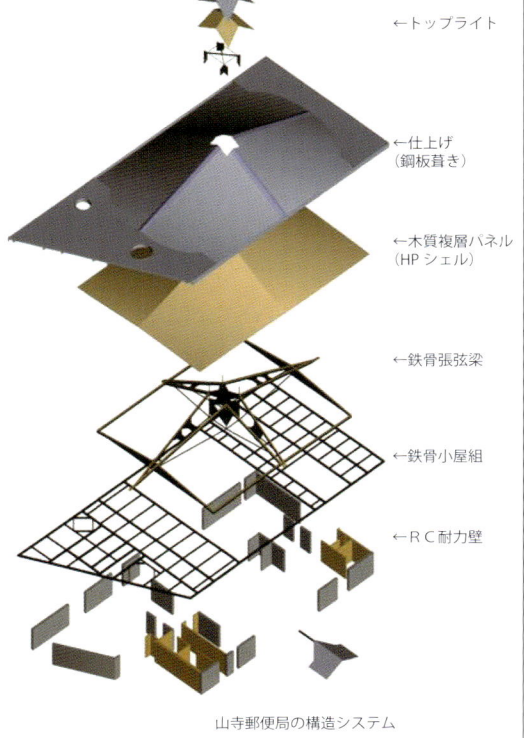
山寺郵便局の構造システム
←トップライト
←仕上げ（鋼板葺き）
←木質複層パネル（HPシェル）
←鉄骨張弦梁
←鉄骨小屋組
←RC耐力壁

アラミド繊維シート

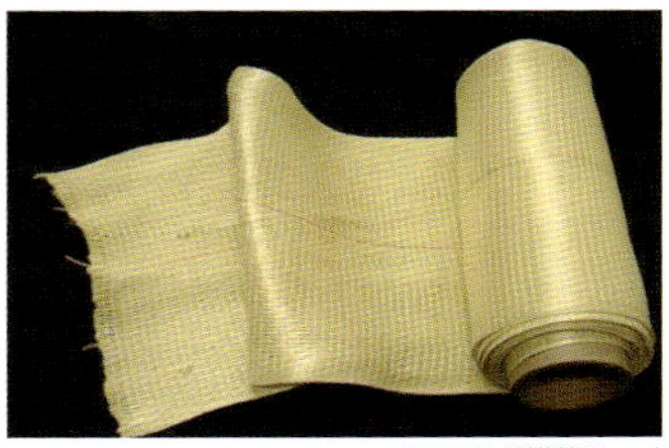

高強度・高弾性・耐久性を兼ね備え、建築物の耐震補強を始め、宇宙・航空機などの最先端分野から防弾チョッキ・タイヤ・スポーツ用品・釣り糸などの身近なものまで幅広い分野で使われている。

雪中の山寺郵便局

山寺郵便局

旧山寺郵便局舎は、山形県にあって、円仁和上の開いた山寺立石寺の麓の山寺駅近くにある。積雪300kg／㎡垂直積雪量1.5m）という非常に大きな豪雪荷重で木造屋根を架ける事をテーマに研究はスタートした。

シェルの構成

厚さ2.5cm×幅10cmの板を上下2枚に張り合わせて、僅か5cmの厚さで13m×18mの木造としては大空間を、柱なしで支えたいと建築家は希望していた。屋根プランが矩形ということもあり、HPシェルにすれば積雪大荷重といえども支えられると、これまでの経験から考えていた。しかし、一方で木材板を寄せ集めた構成の場合、面内の膜応力（引張、圧縮）には十分に強度対応できるとしても、水平剛性の確保が大きな壁となって立ち塞がってきた。接着剤や釘で上下の木材を接合するだけでは強度的にとても持つまいというのが、シェルの応力を考えていた時の難題であった。例えば、ベニヤ板等を中に挟み込んでもシェルの形になじまない事は容易に想像がついた。

アラミド繊維の屈曲性

当時2002年頃、釣り糸に用いる強くて丈夫な新素材・アラミド繊維を布状に織り込んだ繊維シートが土木の橋脚補強に使われ出したとの事を知り、屈曲性が良いことからシェルの形状になじむと判断し、それを上下2枚計5cmの木材の間に挟んで用いる事を考えた。ユニットピースを作成して加力実験を行うと、その補強効果は接着剤や釘等に比して極めて大きいことが判明した。シェルそのものが僅か5cmで成立する見通しがついたので、シェル4枚を組み合わせて1枚の屋根を形成、荷重によって屋根がつぶれて開く横方向のスラスト力には鉄骨テンションバーを組み込んで対応する事とした。これによりハイブリッドシェル構造が成立する事となった。現在も冬の豪雪にも問題なく屋根を安全に支え続けている。

相原　俊弘／(株)エス・デー・ジー (S.D.G)

〒103-0025　東京都中央区日本橋茅場町1-12-4
茅場町会館9階
TEL.03-3662-6781　FAX.03-3662-6782
e-mail：sdg@d9.dion.ne.jp

1943年 神奈川県横浜市金沢区生まれ
プロフィール：(株)エス・デー・ジー (S.D.G) 建築設計事務所 代表取締役
大学卒業後一貫して構造計画及び構造デザインに取り組む。ハイブリット構造の開発、研究を特に専門とするが、近年は、団地再生問題や建築構造文化の探求にも強く関心を持って活動中。
2005年度 IASS 国際空間構造学会 最優秀論文賞受賞。

竹田城の石積

信長が安土城で穴太衆を初めて築城に用いた時、天正4年頃から穴太衆は各地の戦国大名に乞われて名城を多数築いている。竹田城跡もその穴太積石積の技術の見事さで、ペルーのマチュピチュ遺跡にも勝るとも劣らない美しさであり、急峻な山にたたずむ姿は何たるべきかを構造デザインとは何たるべきかを構造デザインに教えてくれる。

穴太積みによる石垣

竹田城跡

全景

石造文化の研究

私は若い頃から古墳の石室、石橋などの古くから日本にある石造構造物の修理保存に携わる機会に恵まれた。日本は世界でも有数の木造文化の国と言われているが、もう一方で石造やそれを支える基礎の版築地業などに極めて高度な構造技術と文化があることはあまり一般的に知られていない。滋賀坂本町には、穴太積みによる石造のまちなみが遺構としてではなく、町に根差した形で遺されている。比叡山延暦寺と日吉大社という神と仏を頂き、それを支える生活の場として坂本町は山の麓から琵琶湖湖岸まで広がっている。

穴太衆と穴太積み

比叡山延暦寺と共に、石工集団・穴太衆は坂本町に住み着いていたが、出自は必ずしも明らかではない。日本史に明確に登場するのは、かの有名な信長の安土城の石垣を担当してからで、自然体で大小様々な石を組み合わせた見事な野面積みは今でも私たちに新鮮な驚きを与える。

まちなみの昼下がり

穴太積み

坂本町の居心地の良さ

昔むし、風雪に耐えてきた自然石は凛とした清潔感がありながら、切石にはない、思わず触れたくなる親しみを感じる。城の石垣や長い寺石垣は人を寄せ付けない厳しさがあるが、ここ坂本町では石畳を含めて、町中の生活に溶け込んで自然体をなしている。それも住民の手入れが行き届いているせいか、歩いていて清々しく居心地の良さを感じるのである。

日吉大社の歩道

坂本町のまちなみ

美容の最先端を支える スタジオ空間

ミルボン東京オフィス

既存棟改修（光壁は石とガラスの複合板）

最新のトレンドをリアルタイムに発信し、常に流行の先端を行く青山・原宿。美容室専売ヘア化粧品の製造販売を行っているミルボンが、この地へ移転するため東京支店を新築したのはおよそ12年前。私が初めてミルボンからの依頼を受け設計監理した物件である。その後、本社、支店、各地のミルボン営業所、工場、研究所、研修寮等多くの設計の機会を与えていただいた。そして今回、私にとってミルボンプロジェクトの原点である東京オフィスの増改築設計を行った。

変幻自在の大空間

ミルボンにとってスタジオは自社製品をPRするための重要な施設であり、特徴的な空間である。増築部に新しく設置したメインスタジオは、天井高さ4.5m（直天井）300㎡超の大空間とした。中央で仕切ることにより、2つに分割して使用する場合には、ディスプレイ棚、シンク等をスライディングウォールで収納することができ、大きくスクエアな空間を作ることができる。また、ワークショップ時に欠かせない鏡は、スライディングレールを使用した特注の可動式とした。

こだわりの素材を使用

スタジオの壁に使用されている仕上材は、特注グラフィック印刷を施した化粧板である。ミルボンカラーのボーダーを印刷したことで、真白い空間を引き締めることができた。傷や汚れに強いことも大きな利点である。床は、2色の600角特注タイルを使用している。ヘアカラー材が落ちやすい仕上にするため、釉薬、タイル素地の白さにもこだわり製作した。床にもブルーのボーダータイルを

飯島　庸司／株式会社ジムス建築設計事務所
〒 104-0042　東京都中央区入船 2-5-6 入船大野ビル 3 F
TEL. 03-3297-0105　FAX. 03-3297-0106
e-mail : jims@cf.mbn.or.jp
http://www.jims.co.jp

1950 年　茨城県結城市生まれ
プロフィール：日本建築家協会　登録建築家　東京都建築士事務所協会　中央副支部長
特定非営利活動法人　設計 Net・JAAC 理事
黒川紀章建築都市設計事務所を経て、1988 年株式会社ジムス建築設計事務所設立。
事務所ビル・共同住宅・ヘア化粧品メーカー関連施設を主として、様々な用途・規模の建築設計に携わっている。
多角的な視野を持って真摯に計画やデザインを行い、バランスのとれた質の高い空間づくりを目指している。

　今回のスタジオ計画では、小松ウォール工業のスライディングウォール技術によってこの変幻自在の大空間を可能にすることができた。INAXには特注タイルの製作で協力頂いた。大光電機とは今までの各拠点のスタジオ設計の経験をもとに新しい手法とLED商品を取り入れた照明計画を行った。立川ブラインド工業からはヘアショー使用にも対応可能な電動遮光ブラインドを採用している。アルゴリズムの手法を取り入れたグラフィックサインを随所に設けているが、㈱小山の試作協力もあり、より積極的なデザインに挑戦することができた。

　ラインに入れることで、壁と一体感のあるデザインに仕上がっている。照明はカラーを施した毛髪の色をより自然に再現し、繊細な色の違いまで見極められるものでなければならない。そのため今回は 2 種類のCDMランプを混ぜて使用している。また、ラボには色温度調節機能を持つLED照明を設置している。サイン・ディスプレイでは、建物形態のプランを簡素化することで浮かび上がるグリッド模様を応用した。隣地に向かって大きく開放された窓には、ミルボンカラーをちりばめたグラフィックデザインをプリントしたシートを貼っている。アイレベルの視線は遮ラと射し込み床にブルーの影を落とす、印象的なスペースとなった。

り、上に行くにつれてランダムになり、空や緑を感じられる。南面の太陽光がキラキラと射し込み床にブルーの影を落とす、印象的なスペースとなった。

作品名：ミルボン東京オフィス　　所在地：東京都渋谷区神宮前　　施工：清水建設株式会社　　撮影：輿水　進

In search of clients' smile, the best blessing for architects

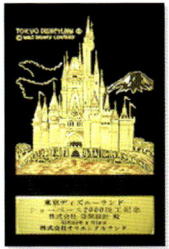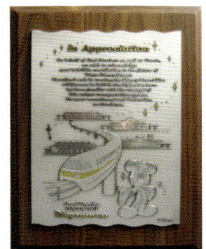

設計監理に対する竣工記念の盾・額
左より東京ディズニーランドショーベース、舞浜リゾートライン、東京ディズニーシー、スキードーム SSAWS

ララマリー	ららぽーとスキードーム SSAWS
金光教学院寮	ワイルドブルー横浜
東京衛生病院　職員寮	Frendly Monkey Valley

笑顔を求め

創立から28年間、追い続けているテーマは『光と風とちょっとした遊び心』

学校・病院・レストラン・店舗・結婚式場・教会・テーマパーク・動物園・室内プール・スキー場などいろいろな施設を設計して、いつも感じるのは「発注者と一緒に利用者やゲストの笑顔に夢を巡らし、語りあい、模索するのが愉しくて、皆で頑張り、ゲストの笑顔に意欲を貰う…」そんなことの繰り返しが我々の設計活動。

ららぽーとスキードーム SSAWS（千葉県）　施工：鹿島建設・NKK JV

ワイルドブルー横浜（神奈川県）　施工：鹿島建設・NKK JV

Frendly Monkey Valley（SAMSUNG Everland 動物園）韓国京畿道　施工：Bowon・Samwon JV

及川政志／(株)空間設計　　1947年生まれ
〒104-0032 東京都中央区八丁堀 9-19-9　ジオ八丁堀 3F
TEL 03-3553-4411　FAX 03-3553-4437
e-mail：ksc@kuhkan.co.jp
http://www.kuhkan.co.jp

プロフィール：早稲田大学理工学部建築学科 1971 年卒業．1983 年㈱空間設計設立
主な作品：三育学院大多喜キャンパス、東京ディズニーランド、東京ディズニーシー、スキードームＳＳＡＷＳ、ララマリー、金光教学院寮（日本建築家協会優秀建築選 2006）SUMSUNG EVERLAND Monkey Valley、金光北ウィング、D.Land など

ララマリー（山口県）　施工：森組・イチケン JV

金光教学院寮（岡山県）　施工：竹中工務店

東京衛生病院　職員寮（東京都）　施工：清水建設

清水建設株式会社
〒105-8007 東京都港区芝浦1-2-3　シーバンスS館
電話（03）5441-1111（代）
http://www.shimz.co.jp

大内　達史／(株)協立建築設計事務所代表取締役

〒104-0061　東京都中央区銀座 7-12-14
TEL. 03-3542-4494　FAX.03-5148-3743
e-mail : t-oouchi@kyoritsu-arc.co.jp
http://www.kyoritsu-arc.co.jp/

1943 年 北海道生まれ
プロフィール：1943 年北海道生まれ　日大理工学部建築学科卒業
1967 年協立建築設計事務所入社、1998 年代表取締役に就任
東京建築士事務所協会会長、桜門工業クラブ理事長、日事連常任理事
日本建築家協会中央地域会顧問

豊島岡女子学園・小諸林間学校
2004 年 7 月竣工

　本建物は藤村ゆかりの小諸市、高峰高原へ約 1Km の山の中腹に位置する。落葉松が林立し、林の間から高原を眺む、自然に恵まれた環境である。美しい自然、その大切さを学ぶ「林間学校」の設計にあたって、周辺の風景と同化させる事をテーマとし、木々（人）の成長と落葉松の天に向かって伸びゆく様を垂直線で、思いやりや遥かな草原（プレーリー）を水平線で表し、屋根形状を寄棟にする事で、なるべく風景にとけ込むよう、周辺環境との共生を図った。エントランス脇には親と子の絆を象徴する、大小 3 本のモミジが生徒たちを迎えてくれる。また、共用棟インテリアは林間学校の生活の中で、お互いを再発見し、友情を深める場になるようにと願いを込め、ブルーと白、ピンクと白の組合わせによる色調で非日常的な特別空間を創出した。

豊島岡女子学園・入間総合グラウンド
2006 年 9 月竣工

　なだらかな起伏のある台地と丘陵（狭山、加治）から成り立つ立地環境を背景に、入間の歴史性と、豊島岡女子学園の教育の特色（伝統）である「運針」をテーマに設計した。針（塔）をシンボルとして、甲羅（伝統）を乗せ、台地にしっかりと根を張った力強さを持ちながら、ゆったりとした屋根カーブを用いて、柔らかい繭玉がふんわりと地に舞い降りる様をイメージし、既存樹木のケヤキやクスノキと共に周辺環境に溶け込むような形態とした。

元旦ビューティ工業株式会社
〒252-0804　神奈川県藤沢市湘南台 1-1-21
電話（0466）45-8771　FAX.（0466）45-3031
http://www.gantan.co.jp

文化を育む建築

Preservation and cultivation of school tradition and culture.

豊島岡女子学園は明治25年(1892)に創立された伝統校である。設計にあたって、学校建築は教育理念と建築理念の一体化と捉えて臨み、昭和61年(1986)竣工の1号館から16年の歳月をかけた池袋全校舎の建替え計画の集大成として、平成13年(2001)に二木記念講堂が完成した。

豊島岡女子学園／二木記念講堂　豊島岡女子学園／入間総合グラウンド　豊島岡女子学園／小諸林間学校
豊島岡女子学園／収納庫（正倉）

豊島岡女子学園・二木記念講堂
2001年3月竣工

「道義実践」「勤勉努力」「一能専念」の三つの言葉を教育方針とした学園の施設整備の設計に臨み、生徒が生き生きと学園生活を送る事ができ、人生で最も多感で美しい時を過ごす学生生活の大切な記憶や思い出をつくるそれぞれの場に、建築のデザインや空間がいかに深く関われるのかをつねに問いかけて設計を進めた。

豊島岡女子学園・収蔵庫（正倉）
2009年3月竣工

学園創立120周年を記念して、記念誌を収蔵するための収蔵庫を建設することになった。学園の120周年記念は、文字通り歴史・文化・宝物であり、設計にあたって遙か平城の都に思いを馳せ、本格的な校倉（あぜくら）作りに、本瓦葺きによる正倉院に呼応するデザインとし、書誌はもとより、学園の歴史・文化をも収蔵する施設とした。

 大成建設株式会社
〒163-0606 東京都新宿区西新宿1-25-1　新宿センタービル
電話（03）3348-1111（大代表）
http://www.taisei.co.jp

松井建設株式会社　東京支店
〒104-8281 東京都中央区新川1-17-22
電話（03）3553-1151　FAX.（03）3553-1152
http://www.matsui-ken.co.jp

Responding to local environment.

地域の環境に呼応する

| 石川県政記念しいのき迎賓館 | 石川県庁舎 |
| つくば市庁舎 | バイオ・IT融合研究棟 | 学術総合センター |

石川県政記念しいのき迎賓館 2010年

石川県政記念しいのき迎賓館の内部空間

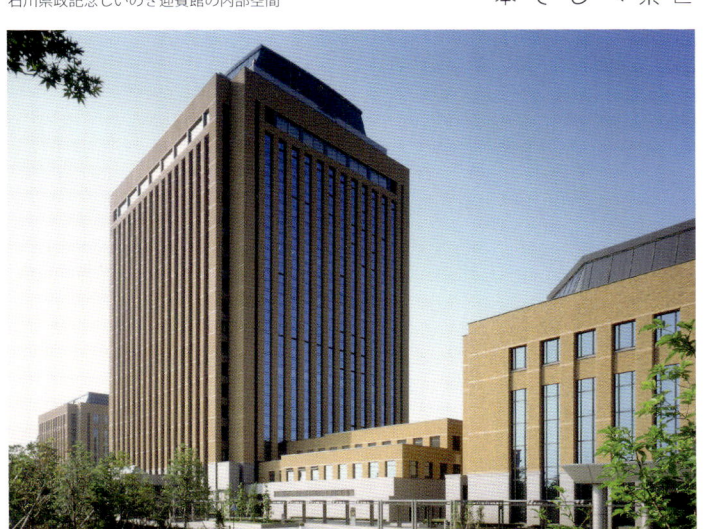
石川県庁舎 2002年

石川県政記念しいのき迎賓館

本計画は、金沢市中心部のランドマークとして親しまれてきた旧石川県庁舎本館（1924年竣工）を文化・交流施設として保存・再生し、併せて敷地全体を緑地として整備することで、周辺エリアとの繋がりを生み出し、都心の活性化に貢献しようとしたものである。

歴史的・文化的価値が高いと評価されたその正面部分と国の天然記念物「堂形のシイノキ」を一体のものとして保存しつつ、その北側部分に共用スペース等を増築した。

保存部分は、免震化等の構造補強を行うとともに、創建時の意匠をとどめている外観と正面玄関、中央階段、旧知事室などを保存・修復しつつ、内部の意匠性・空間性を生かして、ギャラリー、レストラン、セミナー室などに用途変更を行った。増築部分は、周辺の兼六園や金沢城公園等の歴史的景観を楽しむためのガラス主体の透過性が高い現代的空間とし、保存部分との対比によって歴史の重層性と新たな文化創造に向けた息吹が感じられる空間とした。ランドスケープにおいては、兼六園と金沢城の石垣や緑の圧倒的なヴォリュームと対比的に、敷地全体を緩やかな起伏を持った芝生主体の緑地とし、歴史と緑の空間であるこのエリアと賑わいの中心である広坂・香林坊エリアとの繋がりを生み出した。

石川県庁舎

設計にあたっては、「人にやさしい県庁舎…ユニバーサルデザイン」、「環境にやさしい県庁舎…サスティナビリティ」、「災害に強い県庁舎…セイフティ」を基本要件に、日本海、白山連峰などの自然を背景に育まれた「石川らしさ」を継承、醸成することで永く県民に親しまれる庁舎の実現を目指しました。

「環境共生型の庁舎」としては「森の中の県庁舎」の実現に加えて、ライトコートを利用して、超高層ビルとしては初めてとも言える本格的な自然換気・自然採光を確保するシステムを構築し、環境負荷を低減させる「自然と呼応する建築モデル」の実現しました。また、将来の行政需要の変化に柔軟に対応できる空間的フレキシビリティの確保などの長寿命建築を目指しました。

「ユニバーサルデザイン」への取組みとしては、障害を持つ方々や学識経験者、医療・福祉関係者、リハビリ工学の専門家との2年間にわたるワークショップを実施して検討を進めました。

「災害に強い」という点に関しては、防災拠点となる施設として構造の重要度係数を1.5相当とした制振構造の採用、最先端の消防防災システムの採用、災害対策本部機能の充実、ヘリポート、防災広場の設置等を行っています。

笈島 亮／株式会社 山下設計	1958年 福岡県生まれ
〒103-8542 東京都中央区日本橋小網町6-1 TEL. 03-3249-1551 e-mail : osajima@yamashitasekkei.co.jp http://www.yamashitasekkei.co.jp/	プロフィール：1984年早稲田大学 大学院理工学研究科修士課程修了、(株)山下設計入社、現在に至る。 主なプロジェクトに、石川県政記念しいのき迎賓館（グッドデザイン賞、いしかわ景観大賞）、 つくば市庁舎、バイオ・IT融合研究所棟、石川県庁舎（公共建築賞）、学術総合センター、 野村證券横浜研修センター（BCS特別賞）がある。

つくば市庁舎

「自然・田園・都市の融合」、「利便性・機能性」、「先進技術」をテーマとして、新しく開発が進むつくばエクスプレス「研究学園駅」前の周辺街区とのつながりを生み出すために、「並木の街路」、広場、駐車場、庁舎が一体となった自然・田園・都市が融合した「つくばらしいランドスケープ」の創出を目指しました。

新庁舎は、市民の利便性を第一に考え窓口業務は1・2階に集約し、3階〜6階に機能性が高く将来の変化に柔軟に対応できるワンルーム形式の執務空間を確保しました。市民に親しまれる庁舎として、ユニバーサルデザインの徹底を図るとともに、1階の広場に面する部分に情報コーナー、キッズコーナー、レストランなど市民が気軽に利用できるよう配慮しています。

また、科学技術都市「つくば」の庁舎として、自然換気・自然採光を重視するとともに、「免震構造＋プレキャストコンクリート造」を採用するなど「長寿命な先進的エコ庁舎」を実現を目指しました。

つくば市庁舎　2009年

バイオ・IT融合研究棟

本施設は、国際研究交流大学村の一角を担う産業技術総合研究所臨海副都心センターの機能拡充のために計画されました。特徴は、ライフサイエンス研究の戦略拠点施設として、「バイオテクノロジーと情報技術の融合」という観点から、バイオ系と情報系の実験・研究機能を一つの建物の中に組み込んだことにあります。

1・2階には精密質量分析室、RI実験施設、層流式大型クリーンルーム等の特殊実験室、3〜6階にはGMP対応実験室、遺伝子発現頻度解析室等のバイオ系ウェットラボ、7〜10階には並列計算機室等を有する情報系ドライラボスペースを配置し、性格の異なる実験・研究環境を積層しています。

各実験室は、各室毎に異なる実験環境の最適化を図り、クロスコンタミネーションを防止するため、スパン単位に専用空調機を設置し、建物中央部に設けた「メカニカルウェル」から新鮮空気を導入し、外壁側に排気を行う仕組みとしています。また、各種ユーティリティについても各スパン単位の供給を行うことで、実験内容の変化に伴う設備の拡張・更新が自由に行えるフレキシビリティの高い実験環境を実現しています。

バイオ・IT融合研究所棟　2005年

学術総合センター

この建物は、「人と人、人と学術情報の交流」をテーマとして、最先端の情報システムとによって、学術に関する諸機能を総合的に発揮するための知的創造拠点です。

都市との接点を象徴するアカデミックパークやアトリウムロビーを1階に設け、各階には入居者のフロア間の結びつきを高めるための3層吹抜のロビーを設けることで、個々の高機能空間を支える交流スペースを創り出しています。外観は、3つのブロックに分割させた平面形状により、柔らかな表現としています。

主な入居機関は、文部省の組織である「学術情報センター」、「一橋大学夜間大学院」、「国立学校財務センター」の複合施設で、制震構造により風揺れ対策と地震に対する安全性を確保しています。

学術総合センター　1999年

小田 惠介
東西建築サービス株式会社
〒103-0002　東京都中央区日本橋 馬喰町2-1-1
TEL : 03-3663-1765　FAX : 03-3661-7663
e-mail : k.oda@tozai.co.jp
http://www.tozai.co.jp

1952年8月31日 大分県大分市生まれ
プロフィール：1979年3月早稲田大学大学院理工学研究科修了　1979年4月　株式会社日建設計入社
東京住友ツインビルディング、住友ケミカルエンジニアリングセンタービル、文京シビックセンター、
法政大学多摩校地 EGG DOME、ふくぎん博多ビル、かごしま環境未来館・西海パールシーセンター水族館などの設計・監理に携わる。
2008年4月　東西建築サービス株式会社入社

[かごしま環境未来館]
2008年 MIPIM ASIA AWARDS GREEN BUILDINGS 部門
2010年 日本建築家協会環境建築賞
2010年 建築環境・省エネルギー機構サスティナブル建築賞
2010年 空気調和・衛生工学会振興賞
2010年 HKGBC GREEN BOILPING AWARD

2階レベルより見る。左手のコリドールのパーゴラには藤、右手のパーゴラにはブーゲンビリアが植えられている。
コリドールにはミストも設置されている。

メイン展示室：屋上緑化の下部に展開する展示空間。
プレキャストコンクリート構造を現わしにし、漆喰壁と廃材床による
シンプルな構成とした。

その立地・地霊を活かす

もうひとつ、その立地を最大限に活かす設計です。敷地は過去には氾濫を繰り返した甲突川沿いにあり、実は高校の移転後の跡地でただ地面が露出したままの状態でした。川沿いの敷地であるために、豊富な地下水があることは確実で、井戸の試掘を行い、水量や水質を確認したうえで、空調や雑用水に活用しています。

地場の自然の恵みを活かす

さらに、地場の自然の恵みを活かすことに取組みました。すなわち鹿児島県産の自然素材をできるだけ使うことです。地元の材料を使えば、輸送に使うエネルギーを抑えられるばかりでなく、地場の面白い材料もいろいろあり、地場産業の振興にもつながります。

例えば、桜島の噴火で堆積した「シラス」が好例で、屋上緑化に採用した緑化基盤や、外構のインターロッキングにはこの「シラス」が混入されています。緑化基盤はメンテナンスも容易で、かつ適切な保水性があるという優れものです。かなり急勾配の斜面に採用するため、雨水で流出しないかなどの実験を行いました。すでに鹿児島市では全国に先駆け、市電の軌道式の緑化に取り組んでおり、この緑化基盤が使われています。

次世代につなぐ

開館以来、若い世代の家族連れや小、中学生の見学など、大勢の子供たちが訪れてくれています。そこでかけがえのない地球が直面する環境の現実の問題とあるべき姿について、自分の五感で体感し、学習しています。最終的には、市民による運営をめざすこの建物がきっかけとなって、市民の間に、環境に対する関心と環境を護る意識が高まり、次世代にわたって、良い環境が長く受け継がれていくことを願っています。

■都市：文京シビックセンター/1999年（東京都文京区）

■まちなみ：ふくぎん博多ビル/2008年（福岡市）

■海：海きらら・西海パールシーセンター水族館/2009年（佐世保市）

Kagoshima Museum of Environment: Planet Earth and its Future / 2008

いかに持続する環境をつくるか、そしていかに次世代に継承するか

「かごしま環境未来館」の試み

- かごしま環境未来館
- 文京シビックセンター
- ふくぎん博多ビル
- 西海パールシーセンター水族館

建設後：イベント広場から地続きとなる「緑の丘」

建設前：元高校の校地であった建設前の敷地状況

「緑の丘」をつくり出す

　ひとりひとりが今日の環境問題を考え、日々の暮らしの中で、いかに具体的な行動に移せるか。かごしま環境未来館は、環境意識の高揚、環境保全活動の意欲の増進のために、環境学習や環境情報の発信、さらに環境活動の輪を広げていくための拠点として計画されました。基本設計では市民参加のワークショップを重ねて開催し、開館後も最終的には、市民による運営をめざしています。

　この建物は環境を護り、環境への意識を啓蒙することを目的にしていますので、建設に伴う環境への影響を減らすというだけでは、この事業の意味が半減します。建物を建てたことによって、これまでより環境が良くならなければなりません。そこで、屋上を大胆に緑化して建物を覆い、「緑の丘」をつくる、一つの建築にとどまらず新たなランドスケープをつくるというコンセプトを提案しました。

　建物のボリュームを抑えながら、公園のような場所をつくることで、周辺に住む人々にも喜ばれ、まさに地域に根ざしたものになってこそ、良い環境を持続することができると考えました。実は施工の段階で、屋上の傾斜が急すぎるのではないか、階段を設けたほうが良いのではないか、いろいろ議論がありましたが、最終的には当初のコンセプトどおり、緑の芝生が斜面全体を覆う「緑の丘」が実現しました。関係者で「緑の丘」のイメージが共有できたからに他なりません。

屋上緑化：太鼓橋のように敷地の南北を行き来できる「緑の丘」。
青空に向けて抜けていくような情景が生まれる。

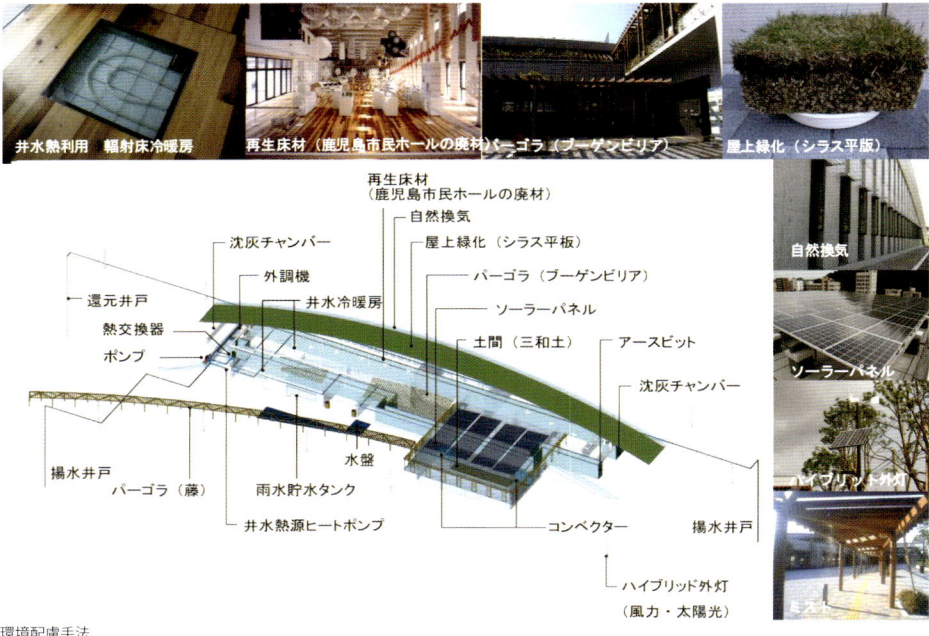

環境配慮手法

Design notes for petit ecology.

ちょっとエコなデザイン覚書き

| 松戸の家（自邸） | 君津の家 |
| すのこハウス | 明順寺 |

600角の大判タイル床とハイサイドライトのダイニングホール

平屋という選択肢

2階建てが普通という発想を捨て、一度平屋で考えてみることも良いでしょう。階段が不要になり、耐震的にも有利なフラットな空間は暮らし易いものです。思い切って勾配天井にして高窓から光を取り入れて見てください。きっと天井に反射する自然光のありがたさを感じることでしょう。

熱容量にも注目

高断熱・高気密化で温熱性能が飛躍的に改善された最近の木造住宅は非常に快適ですが、断熱材より室内側の熱容量を大きくすることによりさらに室内の温熱環境が安定します。例えば床暖房の上にタイルを敷けば、余熱でしばらくは暖かいままですし、夏はコンクリートの建物のような冷んやり感が体感できます。

The Cottage 1
松戸の家（自邸）
施工／建装石川

木立に沈めた平屋のエレベーション

ガスか電気か

松戸の家ではIHクッキングヒーターとガス温水式床暖房、君津の家では施主の要望でガスコンロとコスト要因により電気式床暖房を採用しました。まだまだ移行期であり一概には言えませんが、コンロはメンテナンス性と温度管理に優れたIHクッキングヒーターが給湯方式は佇湯スペース等が不要で実績のあるガス給湯器が良いのではと思っています。床暖房については、初期コストがやや高いですが熱源にかかわらず余熱が利用できる温水式のものが良いのではないかと考えています。もちろん今後太陽電池や燃料電池等が一般化すればこの限りではありません。

「食」を住宅の中心に

TV、携帯電話、PC等の個人レベルへの普及によりリビングが形骸化してしまった今、家族皆が集まる可能性が最も高いのは食事ではないかと思います。その食事すらも、外食・中食の浸透により、もはや個人的なことになりがちではありますが、「食」という日常を家族のコアなイベントとして認識し、その場としての調理空間及び食事空間のあり方を再考することは住宅設計においてかなり重要なことであると思います。リビングダイニングという考えからキッチン＆ダイニングという考えへシフトしてみると新しい「家族と家」というものが見えて来るような気がします。ここではフラット対面キッチンによるオープンなペニンシュラ（半島型）キッチンを採用し調理しながらも違和感なく団欒の一部になれる空間構成を目指しました。

新しい構法による間伐材等を活用した住宅の技術開発コンペ入選案の自邸での検証

competition
すのこハウス

コンペでは小径の間伐材より製材した50×100程度の断面の細い材を束ねて間伐材の品質のばらつきを分散しながら構造要素とすることを提案しました。この検証では確認申請を通すために非構造要素としてディテール・施工性・意匠性等を確認しました。すのこ柱に間接照明を仕込むと夜はルーバー状の柱が光のオブジェとして浮かび上がります。

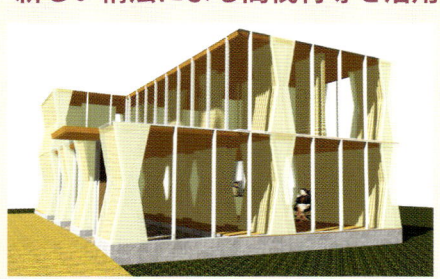

コンペ案外観CG

コンペ案内観CG

松戸の家　ライトアップされるすのこ柱

松戸の家　すのこ柱に入れた間接照明

齊藤友紀雄／日本システム設計
〒103-0013 東京都中央区日本橋人形町 2-9-5
TEL 03-3668-0618
e-mail：saito@nittem.co.jp
http://www.nittem.co.jp/

1959年9月14日　石川県 金沢市生まれ
System for Sustainability & Best Solution
建築という行為はクライアントの要望を満たすと共に自然や社会の要求をも満たす必要があります。
建築を人間・社会・自然といった環境のシステムの中で考え、安全で快適な美しい空間をリーズナブルに実現したいと思っています。
70年代の音楽とMacintoshとお酒を少々....。週末はエスニックやイタリアンなどの料理（得意料理はアクアパッツア）をつくったりジムに行ったり、最近はヨガやフットサルにも挑戦しています。

床暖房と無垢フローリング

床暖房がかなり普及し、一方で自然材料を使おうという動きの中で無垢フローリングを選択することも増えています。床暖房と無垢フローリングを組み合わせて使う場合は、計画段階から床暖房とフローリングの双方のメーカーの意見をよく聞き、施工時にも伸縮や隙間に関して注意深く工事してもらう必要があり、クライアントにもそれらのことは理解してもらう必要があります。ここではオーク無垢フローリングと局部的な過熱のないPTC方式の電気床暖房システムを採用しました。

The Cottage 2
君津の家
施工／千原建設
キッチン工事／クックフレンド

オーク無垢フローリングのラウンジ（仕事場）＆ダイニングホール

焼き杉の木製サイディングの外皮

対面キッチンあれこれ

フラット対面キッチンやキッチン天板を延長してダイニングテーブルとする場合などがありますがキッチン天板の高さは85cm程度、通常のテーブルは70cm、バーカウンターは100cm程度と椅子の高さが悩ましい問題になります。ここでは敷地傾斜により設定した床段差の40cmをベンチとしてキッチン周囲に通常高さのカウンター一体のテーブルを造り付け、キッチンセットは腰壁で囲いながらも開放的な空間構成で一体感を出しました。

この家の中心的な場所としてのキッチン＆ダイニングホール

壁と窓

耐震的には耐力壁がバランス良く配置されているほうが有利ですが、窓がバランス良くありすぎるのも意外と使いづらい部屋になってしまい、デザイン的にも面白くありません。家具の配置まで完成後の使用イメージを十分考慮した上で窓と壁はある程度まとめて配し、構造耐力壁のバランスを保ちながら、まとまった壁長さを確保すると使い易く見た目にもメリハリの効いた面白いものになります。

都市の景観という視点でリニューアルを

弊事務所で設計監理をした築13年の真宗大谷派の寺院の大規模修繕を行いました。台東区の建築景観賞を頂いた手前もあり、汚れが目立ち始めた外壁を気にして数年前から、クライアントと準備を進めてきました。一般に修繕工事は場当たり的で後手に廻りがちですが、都市全体の景観を良好に保つためにも、ひとつひとつの建物において建築家がクライアントの背中を少し押して、施工会社の智恵も借りながら資金計画・修繕内容・改修内容・スケジュール等を詰めていくことが大切だと思います。

真宗大谷派
明順寺
施工／佐藤秀

ビフォー

打ち放しの外壁の汚れが目立ち始めてきた

アフター

奇麗にリフレッシュ

修繕後の正面外観

株式会社クックフレンド　〒103-0015 東京都中央区日本橋箱崎町 32-3-213　電話（03）3663-3191　FAX.（03）3663-3193　cookfriend01@yahoo.co.jp

株式会社 佐藤秀　〒160-8433 東京都新宿区新宿 5-6-11　電話（03）3225-0315　FAX.（03）3225-0361　http://www.satohide.co.jp

子供への良寛さんの思い、地域の人たちの気持ちを形にする

Shaping the Ryokan's passion to children, with the passion of the community people.

長岡市立和島小学校

昇降口

長岡市立和島小学校　新潟県長岡市、平成21年4月（校舎・講堂竣工）平成22年3月（屋内運動場・プール竣工）

「共育の里」構想とは

旧和島村村長と和島地域の人々は地域のコアとしての役割を担うべく、統合小学校と老健施設の6.5hを「共育の里」として位置づけ長年課題にしていました。小学生と高齢者が共に暮らし、良寛さんが180年前に「天上大風」と子供の凧に書いて伝えた心を受け継ごうとするものです。この基本構想は平成16年3月に完成し1年かけて基本設計が練られました。村からの与条件は木造平屋建てでした。

基本設計に際し地域の人々からなる「地域部会」、統合する小学校の先生からなる「教員部会」、地域の左官屋さんや大工さんや木材を供給してくれる森林組合などの職人さんからなる「職人部会」の3委員会を立ち上げ、各月に一回合を重ね、案を煮詰めました。しかし、平成17年7月13日に中越地方は水害で大打撃を受け、この敷地も冠水し10月23日には中越大震災に見舞われました。翌月には周辺3町村の合併協議が破綻し、急きょ長岡市との編入合併が決定され、小学校の建設主体が長岡市に移り、合併、水害、地震の復興に時間が割かれ、実施設計に一年間のブランクが生じました。平成19年7月に新潟中越沖地震が再び襲いかかりましたが、8月に着工し、平成22年3月に全体が竣工しました。足掛け8年が経過し、乗り越えなくてはならないことが沢山ありましたが、その都度地域の皆さんの熱い気持ちが勝って「共育の里」の一角が実現しました。

和島地域とは

旧和島村はJR越後線の通る平野部を中心にした4つの村からなります。明治34年に2つの村に、昭和30年に合併して和島村が成立し、平成18年に長岡市に編入されました。

越後平野のたおやかな農村集落風景が東西方向に走る低い山並みに囲まれ、里山と田園が一体となりながら展開しています。小学校は、このどのかなたたずまいと集落のスケールを壊さないように配慮しました。集落のような群建築をめざす小学校にとって古来地域の人々が「おやひこさま」と呼び信仰の対象としてきた。弥彦山は重要な要素でした。敷地の耕地整理前の農道も弥彦山をめざしており自然に成形された空間構造が分かりました。そのため敷地計画では小学校と老健施設を分ける道路において弥彦山を焦点に据えた通路「共育の路」を計画しました。子供たちは登下校時に、弥彦山へ向かって自然とあいさつをする事が出来ます。

集落としての群建築

建物の規模は延べ面積6600㎡弱。木造建築を実現するために1000㎡毎に区画し、群としての建築のあり方を模索しました。原則的に地場の杉材を利用した在来工法とし、地震力に対しては随所に配置する混構造とし、鉄筋コンクリート造の壁が負担する混構造としています。和島小学校は児童数210人（平成22年現在）で学年1ないし2クラスの小規模校ですが、校内は子供たちの生活スペ

中庭昇降口からの中庭

写真撮影：島村 鋼一

佐藤守／㈲後藤設計室・アーキシップ帆
〒104-0032 東京都中央区八丁堀3-21-3-804
TEL. 03-3553-5464　FAX. 050-3405-4792
e-mail：tous510@nifty.com　http://tous8.com/
昭和33年生／山梨県出身
芝浦工業大学建築工学科卒業。沖種郎＋㈱設計連合にて中央工学校千倉セミナーハウスや郡山開成学園創学館などを経験。現在、㈲後藤設計室・アーキシップ帆取締役。
主な作品は長岡市立和島小学校、他

後藤哲男／長岡造形大学
〒940-2088 新潟県長岡市千秋4丁目197番地
TEL.0258-21-3535　FAX. 0258-21-3536
e-mail：goto@nagaoka-id.ac.jp　http://www.nagaoka-id.ac.jp
昭和27年生／長野県出身
東京大学工学部都市工学科卒業。同大学院博士課程修了、工学博士。パリ建築大学（L'UP6）卒業。フランス政府公認建築家（Architecte D.P.L.G）。大谷幸夫＋㈱大谷研究室にて東京大学法文学部増築、都立大学の基本計画、千葉県美術館などを経験。現在、長岡造形大学教授、㈲後藤設計・アーキシップ帆取締役。主な作品は長岡市立和島小学校、山古志ロータリーハウス、他

配置図

材料と技術

屋根は日本の伝統的な切妻屋根を基本とし、内部及び外部空間に達した構造フレームを工夫し、全体として地域の風景になり得るようにしました。また、地元の杉材を活用し地場産業の活性化も計画することにより、地元の技術者との交流を通じて技術の向上も図られました。

竣工後は地元に左官屋さんや大工さんが在住しているため、地元の材料を使い地域の建築を手がけ、維持していく地産地消の生きた手本です。木造校舎の伝統技術は様々な所で継承され、日本の技術を見直すことにほかなりません。木の空間の中で子供たちは成長し「親から子へ、子から孫へ」「手づくりのぬくもり」を伝えていける小学校が一年一年築き上げられていきます。屋内運動場では大空間のため地元の杉材ではありませんが、高さ1.6ｍの唐松の大断面集成材が力強く配置されています。

屋内運動場

ランチルーム

音楽室

大断面集成材は岡山県真庭市に本社と工場を構える銘建工業㈱の技術が発揮されました。中央区東日本橋の東京事務所が施工図の作成及び打合せを担当しましたので、工期の厳しい中でしたが綿密な打合せが出来、精度良い製品が納品され、難しい建方も無事クリアできました。

中高学年棟と講堂

となる教室群と地域にも開放される特別教室群等で構成され、和島地域の家々が寄り添うように集落を形成しているように、周辺の田んぼとの調和を図りながら配置している子供たちのまとまることによる安心・安全を集落という空間で表現しています。また、小学校の周囲はオープンであるため、低学年の子供たちに目が行き届く遊び空間を四周が囲まれた中庭空間で実現し、職員室、音楽室も中庭に開いています。屋根は、カラーガルバリュウム鋼板の横葺きです。落ち着いた灰色の屋根が建築群として連なります。風雪の厳しい地域の屋根なので、中央区八丁堀に東京支店を置く元旦ビューティー工業㈱の信頼できる技術に助けられ、また、東京支店と新潟営業所の協力により3期に分かれた建物全てに統一した景観が実現できました。

職員室からの中庭

Creativity and dignity in architecture.

創造性と品格のある建築を目指す

知粋館	稲田堤の家
"MOMO"荻窪の集合住宅	辻堂の家

●用途：共同住宅 ●所在地：東京都杉並区 ●竣工年：2011年 ●施工者：清水建設 ●撮影：堀内広治

知粋館（ちすいかん）

世界初の3次元免震を組み込んだ建築である。設計は構造計画研究所とのコラボレートで、構造設計以外の部分を担当している。

免震装置は空気バネと積層ゴムを組み合わせたもので、従来の免震装置では対応が不可能な、縦揺れに対しても有効に作用するもので、構造計画研究所他、清水建設、カヤバシステムマシーナリーの共同開発による。

全体の構成は、1階がPS梁を使用した無柱空間で、現状は住居として使用するが、将来ワンルームとしての使用も可能な形状となっている。また、人工地盤に見立てた2階部分は、中央に通路を取り、そこからアプローチする6戸の独立性の高い住居を配置した。

共同住宅ではあるが、住戸としての独立性と開放性、何よりも「楽しんで住める」生活空間を意識した。

本計画は、国交省の「長期優良住宅先導事業」に採択され、構造躯体の耐久性、内装設備の維持、設備の更新などに対しても所定の性能を持たせる事をクリアーしている。

また、建物をより長く使い続けるために、住宅履歴管理「SMILEシステム」http://smileportal.jpを採用し、建物の更新やメンテナンスを一元管理してゆく事を意図している。

●用途：共同住宅 ●所在地：東京都杉並区
●竣工年：2008年 ●施工者：白石建設

「MOMO」荻窪の集合住宅

敷地はJR荻窪駅の駅前商店街に面しており、1階部分を貸店舗、2・3階は貸室4戸、4・5階は建て主住居という全体構成となっている。建物の構成上、また、隣接する建物の関係により、開口部が南北に限られるため、商店街に面した南側に大きな開口部を設けた。そのため、騒音や他人の視線などから室内のプライバシーを守る必要があった。

今回使用したハニカムガラスは、複層ガラスの空気層にアルミのハニカムが組み込まれており、角度によって街路からの視線を遮るだけでなく、太陽光を乱反射してコントロールすることで室内の温熱環境の向上に寄与している。また同時に、この素材は光に当たると独特の輝きを放つため、建物のファサードとしてのアイデンティティーをつくり出している。

内部空間は、水回りの設備を集約させることで、個室部分を生活のしやすいシンプルな形状で広く確保した。また、階上の住宅部分は視界が開ける5階を主生活階として、明るくオープンな生活空間をつくりだしている。

杉浦英一／杉浦英一建築設計事務所

〒104-0042 東京都中央区銀座1-28-16
TEL. 03-3562-0309　FAX. 03-3562-0204
e-mail: info@sugiura-arch.co.jp
http://www.sugiura-arch.co.jp

1957年　東京都中央区生まれ
プロフィール：1983年東京芸術大学美術学部建築科大学院修了　1984年内井昭蔵建築設計事務所
1993年杉浦英一建築設計事務所設立　2007年〜2009年日本建築家協会中央地域会代表
東京建築賞都知事賞及び優秀賞、ＩＮＡＸデザインコンテスト金賞、ぐんまの家2000県知事賞、
真の日本のすまい文部科学大臣賞、あたたかな住空間デザインコンテスト優秀賞、等

稲田堤の家

郊外の住宅地に立地する、夫婦2人のための木造住宅である。

施主からは、使い込むことでその良さがいっそう引き立つ、「萩焼」のような建築をつくることを要望された。

全体の構成は、中央にデッキスペースを持つ中庭型の住宅で、プライバシーの確保に留意している。また、デッキに面した大型の木製ガラス引戸を壁の中に引き込むことで、屋外空間と室内空間が一体となる。空間のグラデーションという事を意識し、室内のような室外、室外のような室内といった、曖昧な空間を徐々につなげることで、奥行き感のある空間を創り、かつ様々な生活のシーンに対応させるようにした。

室内空間はスパイラル状につながるワンルーム空間で、住人がさまざまに展開するシークエンスを楽しみながら生活できるようにした。

また、室内の仕上げは、極力自然素材を採用し、また、緑と建築を一体的に組み合わせる事で、健康的でアメニティーの高い空間とすると共に、エイジングにより味わいが出る「萩焼」のような建築として住み込まれることを期待している。

●用　途：住宅　●所在地：神奈川県川崎市
●竣工年：2006年　●施工者：本間建設

辻堂の家

敷地は、海にほど近い住宅地にあり、海からの反射光のためか街が明るく、健康的な雰囲気の感じられる地域である。住人は夫婦2人である。

住人夫婦にとって、壁で仕切られたような形態の個室は必要なく、限られた建築面積の中で、いかに開放的で魅力的な生活空間を確保するかがテーマとなった。

本作品は、家全体を「田の字」の明快な平面プランに落とし込み、居間、食堂、寝室といった用途を持つフロアをスパイラル状に展開、重層した住宅としている。

生活行為は、各フロアを螺旋状に上昇下降する事で繰り広げられ、各フロアの持つレベル差によって夫婦はお互いの距離を緩やかに調節する。

透過性のあるテント生地を屋根とすることで、螺旋状につながった内部空間全体が柔らかな光に包まれた明るい健康的な空間となるよう意図している。

杉板をスパイラル状に巻き付けた中央コア部分は、うすい皮膜の屋根を突き抜けて露出し、江ノ島、富士山を望む屋上テラスに至ることができる。

●用　途：住宅　●所在地：神奈川県藤沢市
●竣工年：2006年　●施工者：大同工業

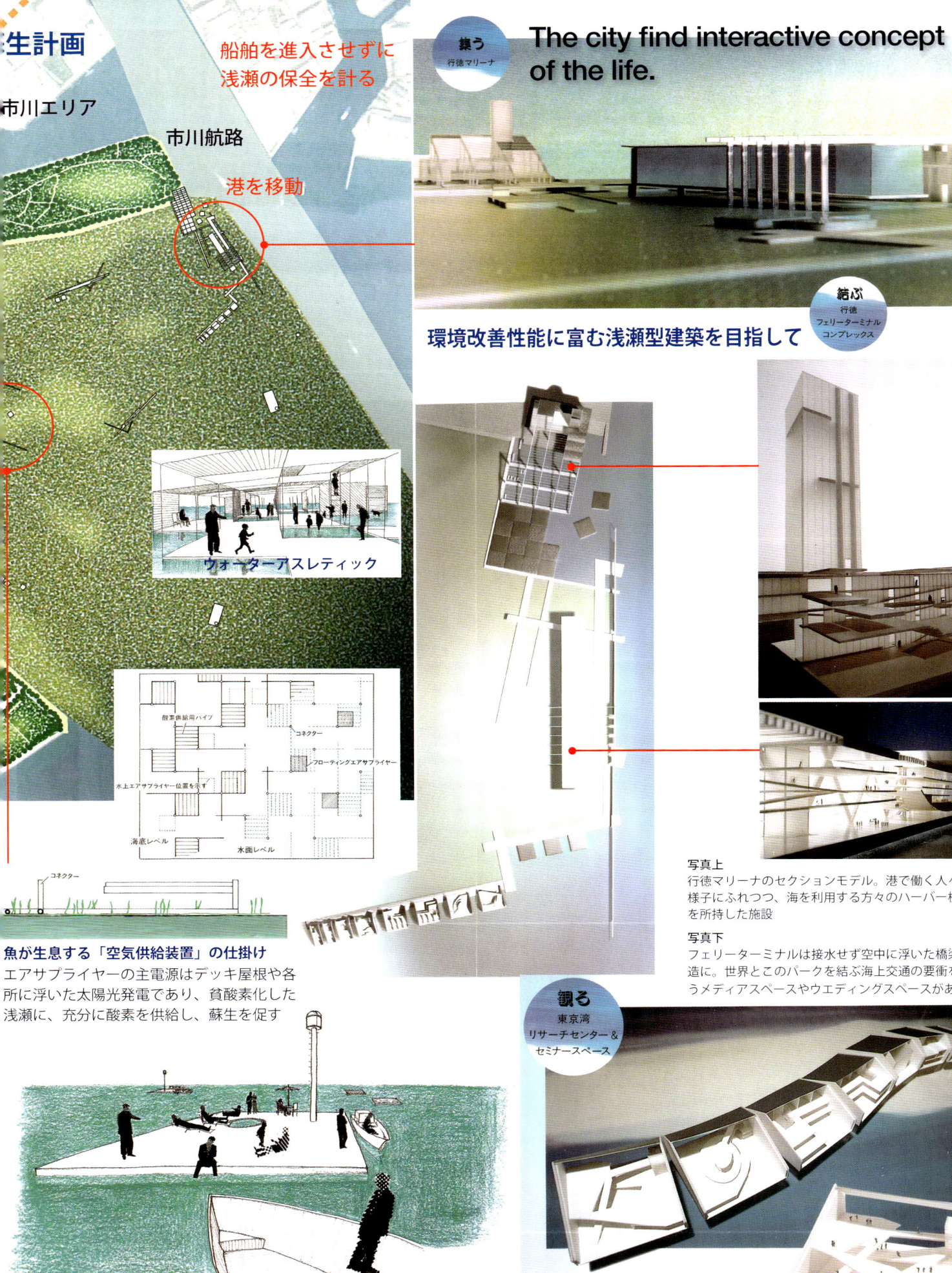

多様な生物の暮せる都市へ

「東京湾ビオトープパーク」千葉・三番瀬

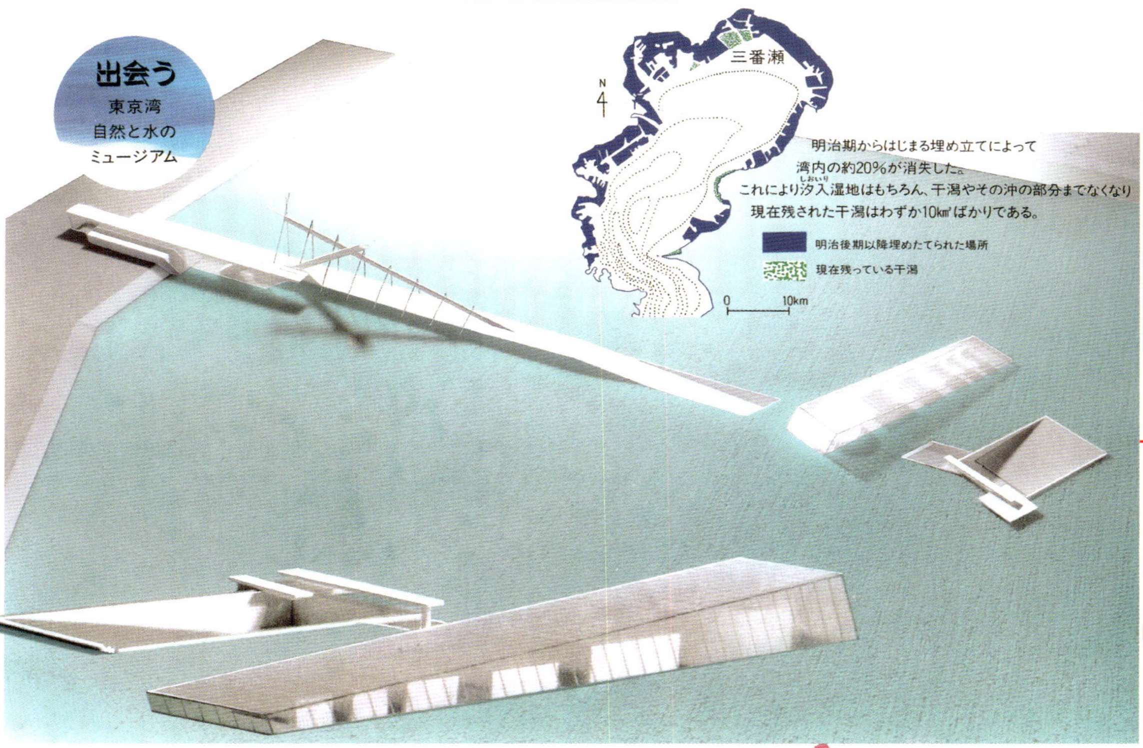

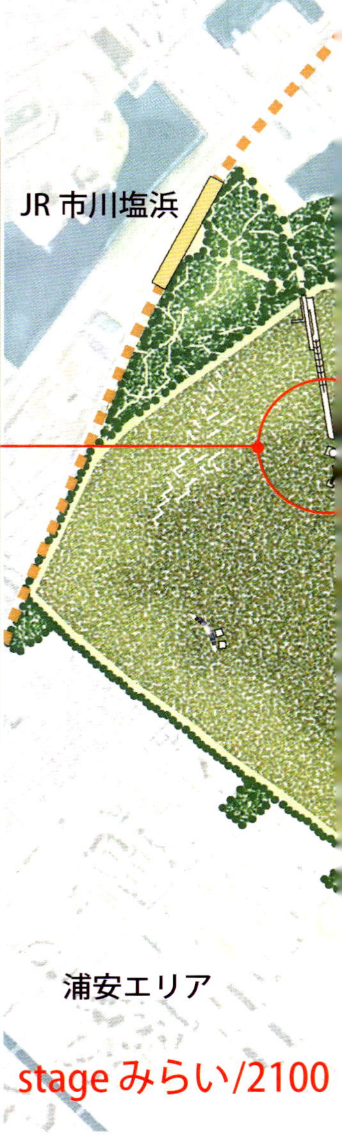

出会う 東京湾 自然と水のミュージアム

明治期からはじまる埋め立てによって湾内の約20%が消失した。これにより汐入湿地はもちろん、干潟やその沖の部分までなくなり現在残された干潟はわずか10km²ばかりである。

■ 明治後期以降埋めたてられた場所
■ 現在残っている干潟

JR 市川塩浜

千葉・三番瀬蘇生計画は、現実的な提言として、右図現況の「航路・港計画」を、ここに示す通り改めることから出発します。環境復元装置を所持した浅瀬建築や対話装置を付加し、人々が「浅瀬」をさりげなく生活空間として楽しみます。漸進的にビオトープが同時再生されます。三番瀬の蘇生手法が見出せれば、国内に少しでも残された浅瀬の今後に光を投げかけることができるかもしれません。この蘇生は東京湾にとどまらず、大きくは人類の蘇生にもつながる大切な問題です。その気づきがなされれば、このプロジェクトは達成されたと考えます。

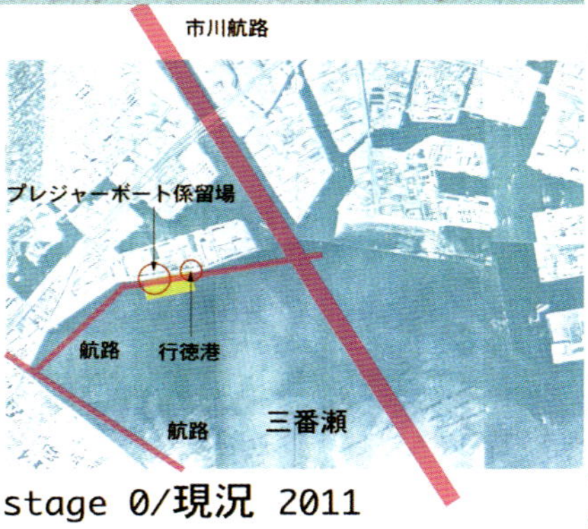

浦安エリア

stage 0/現況 2011
航路で分断されて親水性の希薄な浅瀬

stage みらい/2100

砂浜アイランド
砂浜は波が打ち寄せる事で多くの空気を供給する

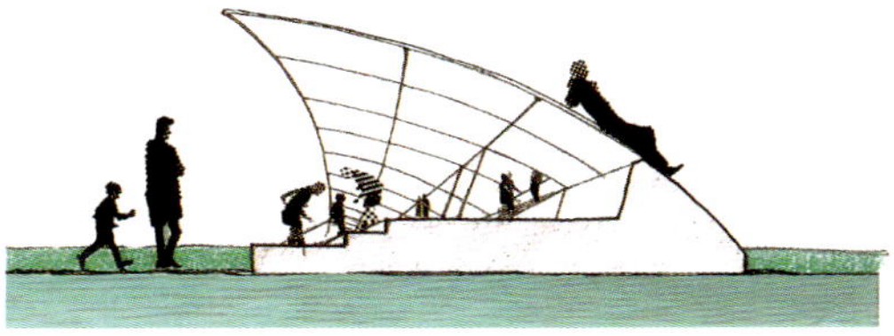

人と魚が戯れる海の家
水生生物と人が同じ屋根の下で遊ぶ

風力発電と水際アートスペース
市民が自由に参加できる親水性のある斬新なアートスポット。生命がテーマです

長谷川順持／長谷川建築デザインオフィス(株)
〒104-0033　東京都中央区新川2-19-8-7F
TEL. 03-3562-0309　FAX. 03-3562-0204
e-mail: jun-architect@office.email.ne.jp
http://www.interactive-concept.co.jp

1962年10月13日 横浜生まれ
長谷川建築デザインオフィス(株) 代表取締役
(社)建築家住宅の会理事　東京都市大学講師

長谷川デザインの INTER-ACTIVE-CONCEPT

持続可能性の追求、個々人・自然・地球環境の共存的な関係づくりに、建築はどのように貢献できるのか。そのひとつとして「呼応的なあり方」を、用途規模に関わらず中心テーマに据えています。それがインタラクティブです。ひと・コト・ものの奥底が、それぞれ自発的に動的な交流を成し、そこに相互作用が生まれる。その促進に手助けできるような環境建築をめざしています。

Designing at center of Tokyo for ecology in Sri Lanka.

スリランカ献血センター
アヌダラプラ教育病院
ジャフナ教育病院

献血センター　外観

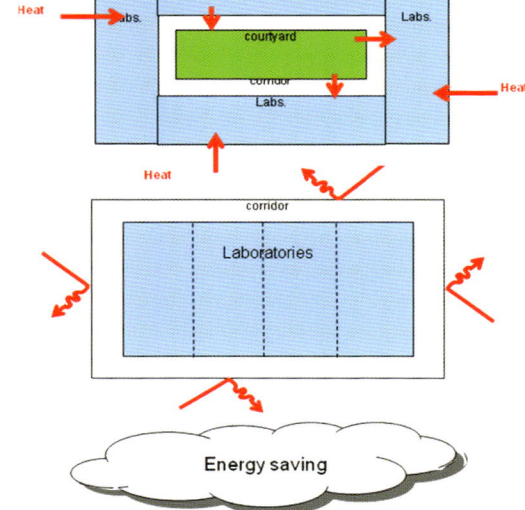

献血センター　3階中庭

スリランカで省エネ建築を設計する

スリランカ国血液供給システム改善事業は日本の円借款事業として、老朽化した中央血液センターを再建すると共に、中央及び州血液センターの機材も整備し、安全で効率的な輸血供給システムを確立することを目的とした。円借款事業として初めてWHOと連携し、血液システム人材の教育指導も実施した結果、新施設開館時には献血率が15％も改善した。施設設計では、人々が建物に親近感を持てるよう、スリランカの伝統的な様式を使用した。同時に、ガラス等近代建築の素材を活用し、最新技術で血液を扱っていることをアピールし、人々の安心感も得られるよう配慮し、この献血率向上に寄与することを意図した。また、血液センターの建物は、血液を分析保存のため常時低温に保つ必要がある。設計では維持費低減のため、主に二つの手法を採用した。

外廊下型プランの採用

外周部に廊下を回し、廊下を断熱ゾーンとした。熱帯地方の窓は熱さ対策のためカーテン等で日中は光を遮断する。そのため開放感が犠牲になるが、外廊下型とすることで、居室の窓が建物の奥になるためほどよい光を部屋に入れることが可能となる。外廊下の外部は前面ガラスとしたので、廊下照明は日中は不要で、夜間消灯していても、居室の窓と街の明かりで事足りている。血液を保存する部屋は建物の中央に配置し、最も温度変化が少ない環境となるように設計した。

新日本空調株式会社　〒103-0007 東京都中央区日本橋浜町2-3-1 浜町センタービル
電話（03）3639-2700　FAX.（03）3639-2732
http://www.snk.co.jp

アイテック株式会社　〒104-0033 東京都中央区新川1-25-12 新川フロンティアビル
電話（03）6222-4976　FAX.（03）6222-4980
http://www.itec-ltd.co.jp

藤沼 傑／株式会社 山下設計	1962年生まれ
〒103-8542 東京都中央区日本橋小網町 6-1 TEL. 03-3249-1551 e-mail: fujinuma@yamashitasekkei.co.jp http://www.yamashitasekkei.co.jp/	住むなら英国の住宅という国から、中学の時帰国し建築を志す。 東京大学工学部建築学科卒業後、株式会社山下設計入社。 英国と日本との二つの原体験に基づき、国内外の建築設計を担当。現在同社設計部門副部門長。 これまでの作品：白百合女子大学聖堂、東京工芸大学芸術学部棟、インドネシア国ハッサンサディキン病院、 レバノン国ベイルートの公邸、パキスタン国公館

氷蓄熱空調方式の採用

空調方式は氷蓄熱方式を採用した。スリランカでは初めての試みである。スリランカは発展途上国の中では電気料金が最も高い国のひとつであり、また、当時は水力発電の比率が高く、電力需要の増加が著しい事から、特に乾季においては突然の停電もしくは計画停電が頻繁に行われていた。東南アジアの国々では冷房の普及により、昼間電力と夜間電力とのアンバランスが深刻な問題となっている。国によっては冷房需要に発電設備の増設が追いつかず、昼間の計画停電を実施している所もある。

氷蓄熱空調を採用するメリットは以下の通りである。

● 夜間電力にて製氷を行うことにより、昼間の電力ピークを緩和する。

アヌラダプラ教育病院 2011年完成

● 昼間の計画停電時にも少ない電力で冷房を行う事が出来る。

● スリランカには深夜割引電気料金システムがないが、ディマンドチャージ（Demand Charge）という各建物の最大使用電気量（KVA）に対する課金もなされており、各建物の最大使用電気量を下げる事により、電気料金を低減する事ができる。使用電気量ピーク時には蓄熱した氷を使い冷房を行う事により、使用電気量を平準化させ、電気料金を低減させる。

氷蓄熱の方式は浸漬カプセル・ボール型を採用。冷凍機は3台設置し、その内の1台を氷蓄熱用ブライン冷凍機とした。このような技術により、空調維持管理費を約16％削減し計画停電時の空調機器の安定運転を両立する事ができた。

氷蓄熱用ブライン冷凍機

中央区で設計する

この血液センターの設計は現地スリランカで2002年に実施した。帰国後、本社が中央区に移転した。施設の工事には日本人常駐者が予算の関係で配員できなかった。現在はインターネット等通信技術が発達したので、何とか工事監理はできる。しかし、直接会わなければ進まないことも多い。幸い、空調設備工事は同じ中央区の新日本空調だったため、必要とあれば、10分で集合できた。次のスリランカのプロジェクトであったアヌラダプラ教育病院は施工が北野建設、空調が新日本空調で、銀座と浜町であった。さらにこれらプロジェクトの医療機材を担当している株式会社アイテックも新川である。幸い、スリランカで三つ目となるジャフナ教育病院は、佐藤工業が施工を担当している。この佐藤工業も小伝馬町にあり、現在は月に1回、小伝馬町とスリランカのジャフナとをインターネット回線で結び、月例会議をWeb上で開催している。小網町、新川、浜町、銀座、小伝馬町という近所でスリランカの工事を監理出来るメリットは特大であり、地域の恩恵を肌で感じている。だからこそ、地域会の活動を通じて、今後地域に直接貢献していきたいと考えている。

ジャフナ教育病院完成予定図 2012年完成予定

Creating art dreams come true. Community art and culture center by local people.

地域に根ざした芸術・文化の「夢を現実に」

| ポケットスクエア | 司アートシティⅠ、Ⅱ | |
| カームステージ高円寺 | 昭和ビル | 古賀ビル |

ポケットスクエア　外観

劇場MOMO　外観

彫刻「虹の神話」堀内有子

ザ・ポケット　外観

「ポケットスクエア」

ポケットスクエアは4つの劇場、ザ・ポケット、劇場MOMO、テアトルBONBON、劇場HOPEと2つの稽古場が隣り合う中野区にある劇場街の総称です。まず初めは1998年にザ・ポケットが出来ました。オーナーの熱い心意気によって育まれた民間人の手による文化施設です。12年の歳月が流れ、今では下北沢に対抗して、「文化の発信地、舞台は中野」との東京新聞の第一面のトップ記事（2009・10・5）として大きく報道されました。社会で活躍する役者さんも育ち始め、毎日1000人近い人が行交う商店街は元気を取り戻しています。大変複雑で難解な建物でしたが施工はザ・ポケット、劇場MOMOは清水建設、テアトルBONBON、劇場HOPEは松井建設がそれぞれ実に見事に仕上げてくれました。

「カームステージ高円寺」

ライブハウス（高円寺HIGH）を地下1、2階に、カフェ、イベントホール、ギャラリーライブ、パーティ等多目的スペース（AMP）を1階に、高円寺ギャラリー、貸店舗を2階に、共同住宅を3、4、5階にした複合文化ビルです。ミュージシャンの集うライブの街、高円寺に良質で本格的なライブハウスを根付かせ

テアトルBONBON　劇場HOPE　外観

ザ・ポケット　舞台　客席

司アートシティ1　外観

株式会社 則武工務店
〒104-0054　東京都中央区勝どき2-7-9
電話（03）3531-6311　FAX.（03）3531-3157
http://www.noritake-con.com

34

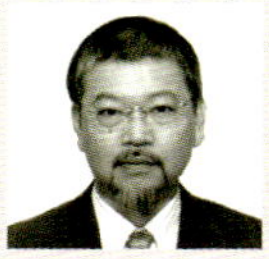

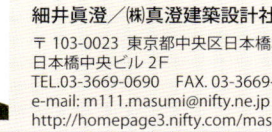

細井眞澄／㈱真澄建築設計社

〒103-0023 東京都中央区日本橋本町 4-12-11
日本橋中央ビル 2F
TEL.03-3669-0690　FAX. 03-3669-0693
e-mail: m111.masumi@nifty.ne.jp
http://homepage3.nifty.com/masumi-sekkei/

1949 年 群馬県伊勢崎生まれ

「夢を現実に」そのテーマをもとに人にやさしく、生活と地域に根差した、心のかよう建物を創り上げてきました。建築を通じて芸術と文化と地域の活性化の役割を担えたら最高です。

たいと言うオーナーの熱い希望のもと、音響、照明、防音にも優れ、2階席を設け、地下1と2階を吹抜けにした天井の高い大空間ができました。施工は複雑な難工事でしたが、松井建設が熱き情熱を込めて熱心に造り上げてくれました。

「司アートシティーⅠ、Ⅱ」

ニューヨークのソーホーやビレッジのようにさまざまなジャンルのアーティスト達が集まり、お互いを刺激し、文化を創り出すスペースを目的とした貸アトリエビルです。両ビルの一室は日本有数のバレエ団の本格バレエスタジオにもなっています。

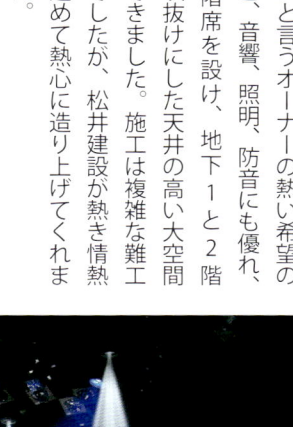

ライブハウス（高円寺 HIGT）内観

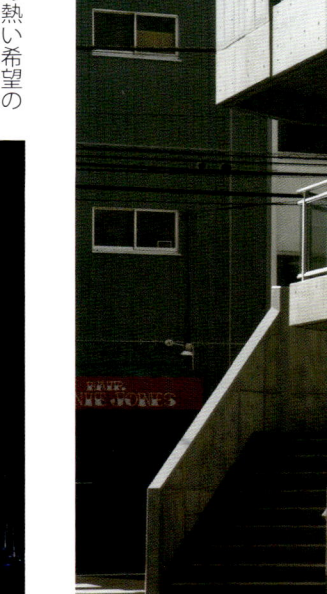

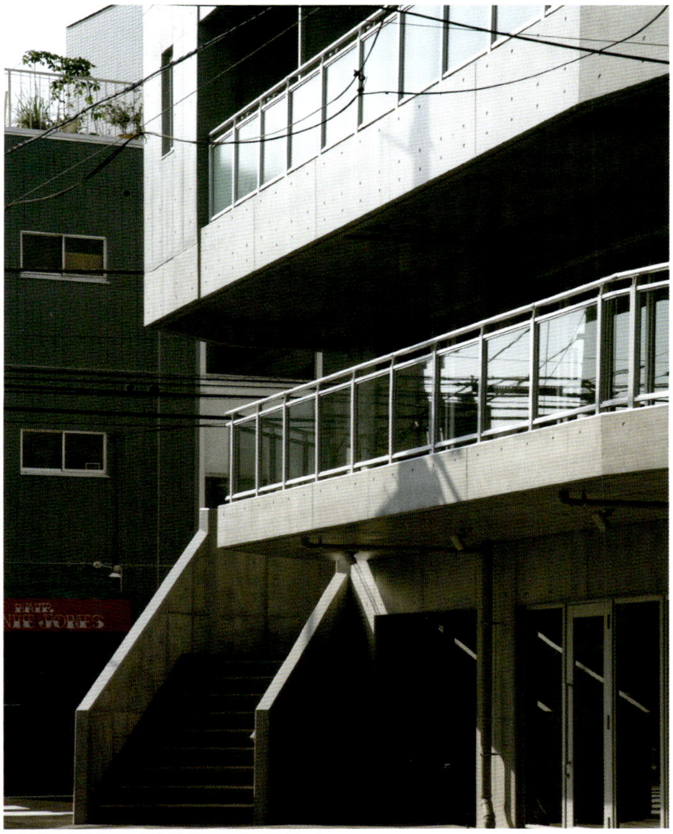

カームステージ高円寺　外観

「古賀ビル」

中央区ならではの街並み誘導型地区計画をフル活用し、路地に面し、敷地も42㎡の狭小敷地でしたが緩和規定を最大限利用して、5階建の商業ビルを創り上げました。施工は中央区を熟知した地元の則武工務店にお願い致しました。中央区特有の軟弱地盤も克服し、都心でよくある近隣問題も全くなく、施工もスムーズに行きました。

「昭和ビル」

中央区に古くからある紙の専門商社を新たに建替えた本社ビルです。紙は古来より文化伝達の媒体であり、芸術の表現素材でもあります。そんな伝統文化を踏まえ、新たな時代を切り開く紙の文化を扱う会社にふさわしい建物に作り変えました。

全体計画においては東京都中央区という地域の特性を生かし、地区計画を利用して、斜線制限等の緩和を受け、効率よく上層階に階数を積み重ねました。神田川、柳橋界隈に浮かぶ屋形船や隅田川の花火が良く見える最上階はリフレッシュルームとし江戸の伝統文化を居ながらに感じる事が出来ます。施工は大成建設が立派に仕上げてくれました。

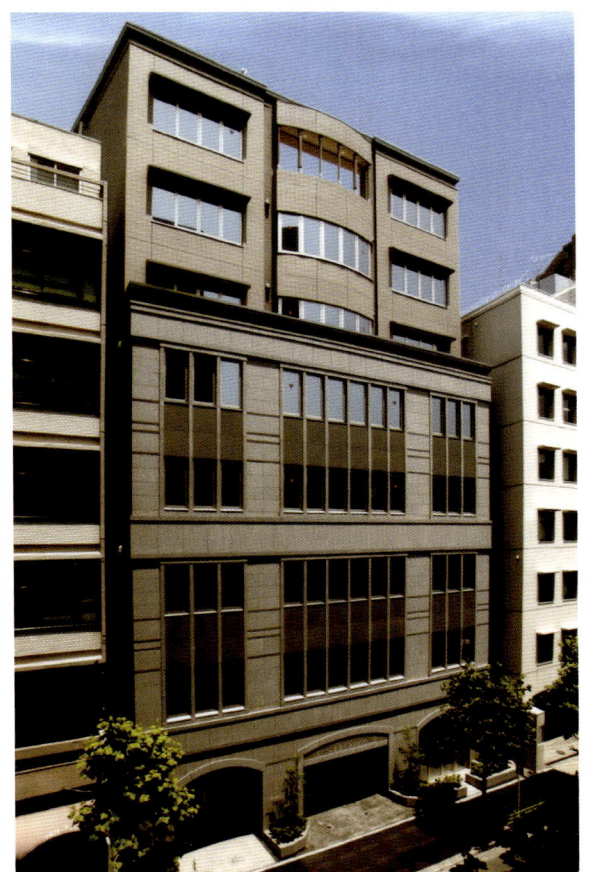

昭和ビル　外観

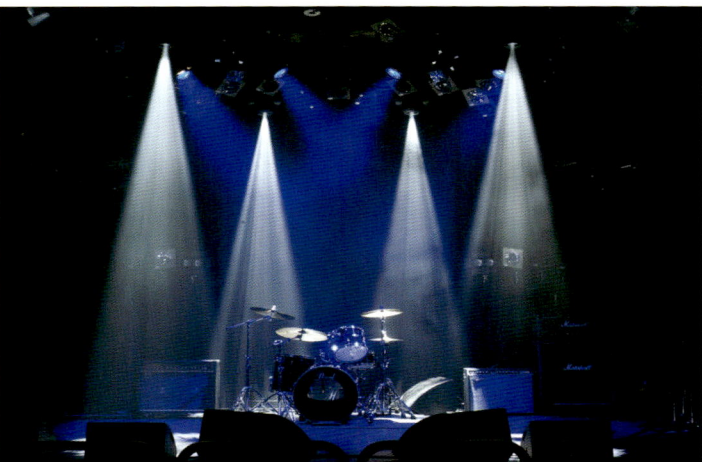

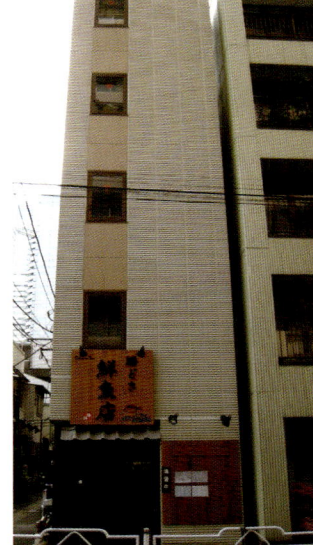

古賀ビル　外観

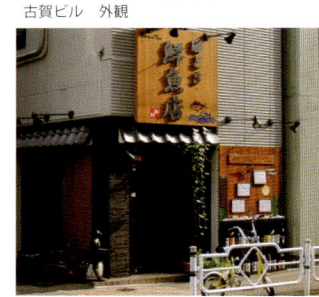

古賀ビル　店舗入り口

A new forest in a city?

都市を新しい森にする？

東部地域振興ふれあい拠点

外観イメージ：上部木造階の外周に配置された耐震フレームが外観を特徴付けている

「都市を新しい森にする」これは、都会に建つ建築物を壊し、森を造るという意味ではありません。

従来、鉄やコンクリートで造られてきた多くの耐火建築物を木造で造ることができるようになれば、都市が「多くの炭素を固定する場＝森」となると同時に「森を守り育て、美しい日本を次の世代に引き継いでいく圃場になる」という意味で使っています。

今、日本の人工林は、毎年8000万㎥から9000万㎥ずつ増加していると言われています。一方、日本における国産材の消費量は年間2000万㎥程度です。それだけの供給力があるにもかかわらず、国産木材を十分に活用できていないという現状は、植林地の荒廃といった大きな環境問題を引き起こしています。

また、「成長期樹木はその成長過程で多くのCO2を吸収しますが、成熟期樹木になると吸収量と放出量がほぼイーブンになる」という事実は意外と知られていません。成長した樹木を伐採し、構造体としてできるだけ長期間に渡って利用し続けることにより、炭素を固定する。さらに、植林によって成長期の樹林にしていくといったサイクルを作ることが、二酸化炭素吸収源としての森林機能の維持に必要となります。

「大規模耐火木造建築の技術を一般化し、都市を新しい森にする」という夢の実現は、美しい環境を次の世代に引き継いでいくためにも、また、低炭素社会の実現という社会的な命題に応えるためにも、重要な挑戦です。

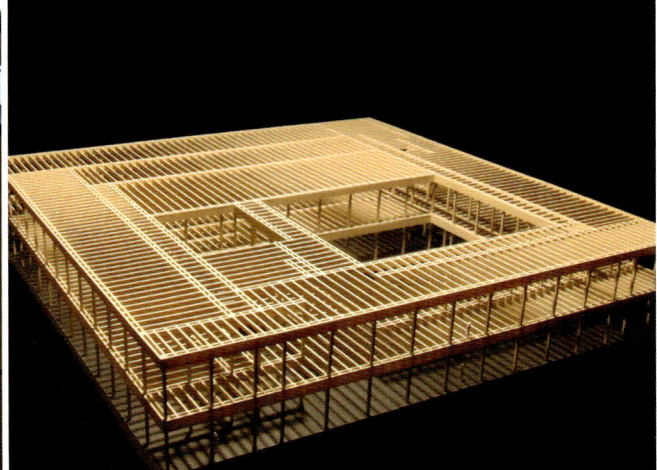

LVLパネルによる耐震パネル　　　　構造模型

PS ピーエス暖房機株式会社　〒151-0063 東京都渋谷区富ヶ谷1-1-3
電話（03）3469-7121　FAX.（03）3485-8834
http://www.ps-group.co.jp

安田俊也／山下設計：プリンシパルアーキテクト

〒103-8542 東京都中央区日本橋小網町6番1号
TEL. 03-3249-1518
e-mail：yasuda-t@yamashitasekkei.co.jp
http://www.yamashitasekkei.co.jp/

1981年早稲田大学理工学部建築学科卒業
モットー：新しいコトに挑戦し続けること
代表作品（受賞歴）：メディアパーク市川（日本図書館建築賞、北米照明学会賞）、上田女子短大北野講堂（中部建築賞）、岩井市総合文化ホール（日事連建築賞・建設大臣賞）、とやま自遊館（英国ブリックアワード）、富士通ソリューションズスクエア（日経ニューオフィス賞）、関東自動車総合センター（JIA優秀建築賞）、吉見町民会館（建築学会作品選集）、洞爺湖サミットプレスセンター（グッドデザイン賞）他

東部地域振興ふれあい拠点

住所…埼玉県春日部市
用途…多目的ホール、交流センター、保健センター、事務所
構造…上層階／耐火木造、低層階／鉄骨造

*LVL = Laminated Veneer Lumber

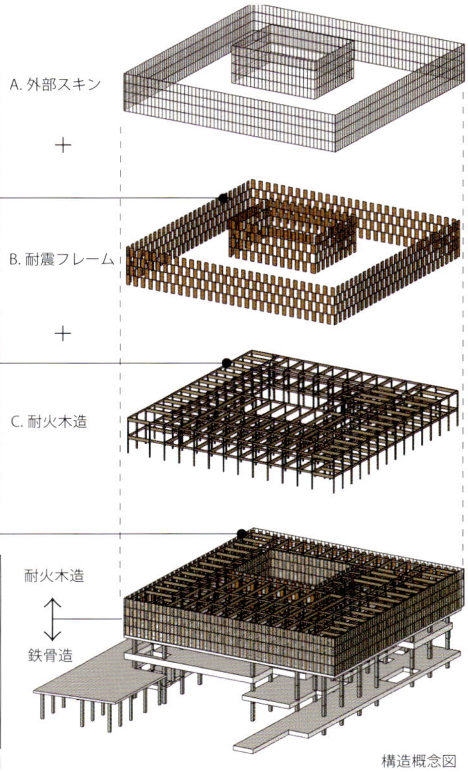

A. 外部スキン
B. 耐震フレーム
LVLパネルと鉄骨フレームによる耐震フレーム

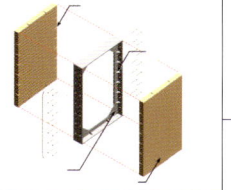

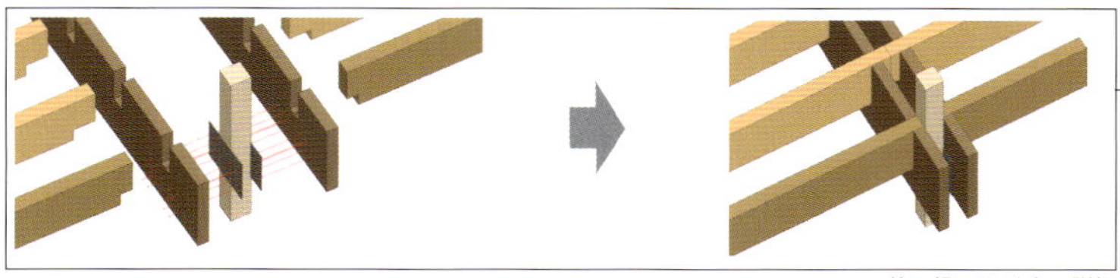

C. 耐火木造
柱・梁の取り合い詳細

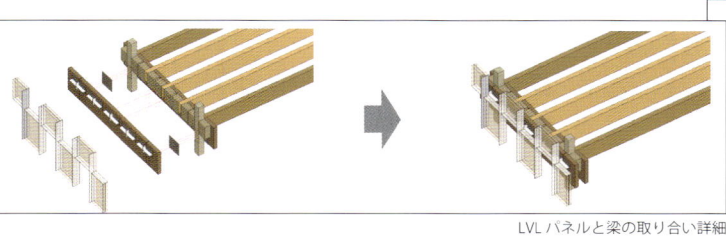

LVLパネルと梁の取り合い詳細

耐火木造 ↕ 鉄骨造
構造概念図

輻射空調パネルのイメージ

東部地域振興ふれあい拠点施設は、省CO_2の最先端モデルの実現をメインコンセプトとした1万m²を越える規模の複合公共施設です。当然、耐火建築物となるわけですが、柱・梁・床の主要構造部を耐火木造で実現することに挑戦しました。

建物の平面形は約50m角の正方形に近い形状で6階建です。施設構成は、1階に街に開かれたデザインの多目的ホールを配置し、2階からホールの直上階である4階までを、段状の一体空間とし市民が自由に使えるスペースとして開放しています。最上部の2層は保健センターや団体事務室等の比較的小さな単位の部屋で構成されています。

今回の計画では最上階の5・6階を耐火木造としました。3.55×7.1のスパンで構成された木の軸組は、鉛直力のみを負担し、水平力は、外周部に配置したLVLパネルによって構成された耐震フレームが負担する計画としています。この市松上のパターンが外観デザインの特徴となっています。

1次利用では銅性ラジエーターに井戸水を直接流し輻射空調に、2次利用では少し温度が上昇した井戸水からヒートポンプでさらに熱を汲み上げ輻射空調に、3次利用で水路の修景用の水源とし、最終的にはトイレ洗浄や散水に利用しています。

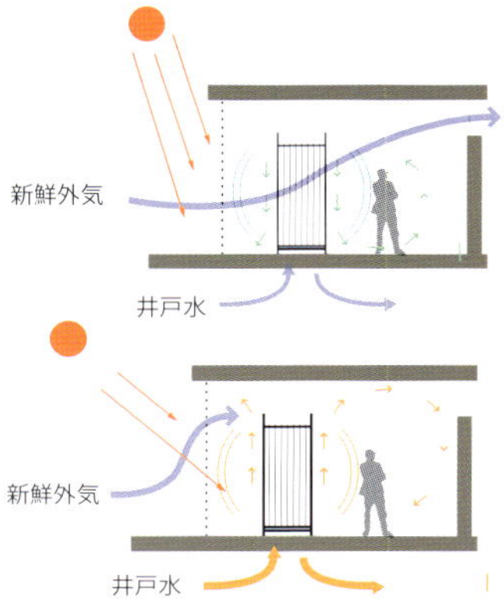

省CO_2の最先端モデルとして、井戸水を空調熱源に数次利用するシステムを導入し、環境性能を高めた計画としています。他にも、太陽光発電（100kW）、暖房やデシカント空調用の太陽光集熱パネル、地熱利用システム等の採用により、CO_2排出量を建設時で23%、運用時で45%削減できる計画としています。

新鮮外気 / 井戸水

4Fパティオと一体となった打合せスペース

1F多目的ホール

The making of cooperative housing through collaboration among the people and a community architect.

住民と建築家のコラボレーションで住まいをつくる

林町住宅

文教の環境に調和する和のデザイン

縦格子を生かした和風のモダンなデザインと武蔵野のさりげない雑木林の雰囲気を一体化したデザインとした

駐車場の屋根の屋上庭園には長年京都、奈良で建築の基礎に使われた古石材を庭石に活用し、また敷地の古木の芽を植替え、命の継続を図った。これが空間に趣きをあたえることになった

建替え前旧林町住宅2号棟

エコロジカルな環境デザイン

緑の環境を大切にし、使い古された石材で造園デザインを行った。これにより、ゆとりある豊かな環境デザインができた

京都の古御影石庭詳細（工事写真）

林町住宅計画

これは2005年から2010年の5年間、住民と建築家が悪戦苦闘しながら協力して完成した住まいづくりの奮闘記です。

戦後間もない1958年に建てられた56世帯の文化住宅が50年を経て老朽化していました。住民から建替えか改修かの選択もふくめてコンペが行われ、さいわい、私たちが住民と全面的に協力して住まいづくりをすることとなりました。

数ヶ月の共同作業の結果、次の方針が決定されました。

一．大規模改修でなく建替えを行う。

38

山本　浩三／山本浩三都市建築研究所
〒 104-0051　東京都中央区佃 1-11-3-510
Tel.03-3537-3004　Fax.03-3532-6811
e-mail：kya-arch@zc4.so-net.ne.jp
http://www.yamamoto-arc.jp/

鳥取県出身　東京大学建築学科卒　修士課程で丹下健三氏に師事
プロフィール：丹下健三都市建築設計研究所副社長を経て山本浩三都市建築研究所を創設。
1961 年より現在まで約 50 年、20 数カ国で設計、街づくりを実践。地域の文化と国際性と自然との共生をめざした GLOCAL な建築をつくりたい。
楽しみ：中央区佃島リバーシティ町会長として縦長屋のコミュニティ活動で仲間と汗をかくこと。

縦横の格子を使ってモダン和風デザインを試みた

自由な間取りを可能にするSI工法
床下に自由に配管した設備配管により、住戸の水回り配置が自由になり、住戸外のPスペースの共用配管を共同溝に集約

庭を持つ
1 階の住戸例

SI（Skeleton Infil）ー 配備配管は住戸内で自由に横引され共用縦配管は
住戸外のPスペースを経て地下の共同溝に集約される

住民が中心になってつくる住まい環境
5年をかけて建築家と二人三脚で完成させた。建替え組合理事長自身がつづった感動的なマンション建替え奮闘記

高騰、工事用道路使用に対する近隣住民の反対運動等、多くの難問がありましたが、松下産業が粘り強く解決しながら 2010 年 3 月無事完成することができました。
特筆したいことはこの成功の秘密は 50 年間培われてきた住民の信頼関係と自分たちの住まいは自分たちでつくるという強い信念と実行でした。中でも全体の調整役として建替組合理事長の菊池理事長なくしてはこの計画の成功はなかったでしょう。
こうして完成した林町住宅はこれからの住まい方も温かいコミュニティとして続いていくことを願っています。

2010 年 10 月 10 日　設計者を代表して
山本　浩三

二・既存の住宅サイズを希望する住戸は追加費用を払わず住み替えることができる計画実現をめざす。容積制限の範囲で一部の増床面積を外部に分譲する。
三・各住戸は希望の平面を自由に選べる自由設計。
四・その結果SI（Skeleton Infil）方式を採用する。
五・敷地に極力、緑を残し、エコロジカルな配慮。
六・放吸湿石膏ボードを内壁下地に使用し、室内の湿度調整を行い、結露のない快適な室内環境をつくる。
（チヨダウーテのさわやかボード使用）

この取り決めは高いハードルを住民と建築家に課すことになり、奮闘記の始まりとなりました。
その後、各住戸の位置、面積を決め、住戸のプラン検討、実施設計を終え、確認申請、建築業者からの見積り聴取、業者決定、請負契約締結、建築工事、増床部販売と進みました。計画をスタートして5年、途中から参加したデベロッパーの離脱、着工して解体に際して突然発見された数百本の杭抜き、急激な鉄材価格の

人と建物にやさしい耐震補強工法 E－ブレース

～工事中の騒音・振動・粉塵、及び産業廃棄物を大幅削減し、
建物の資産価値と寿命をUP～

E－ブレースの特徴

- 建物長寿命化 ････････････ 建物を使いながら、簡易に建物を長寿命化
- アンカーレス工法 ･･････ 工事騒音・振動・粉塵を大幅削減（周辺環境保全）
- 袋状繊維型枠 ･･････････ 熱帯材型枠を使用しない（森林保全）
  　　　　　　　　　　　　脱型しないので、産業廃棄物が発生しない（ゴミ削減）
- 工期短縮 ･･････････････ 周辺や建物使用者に及ぼす影響の低減（環境影響低減）

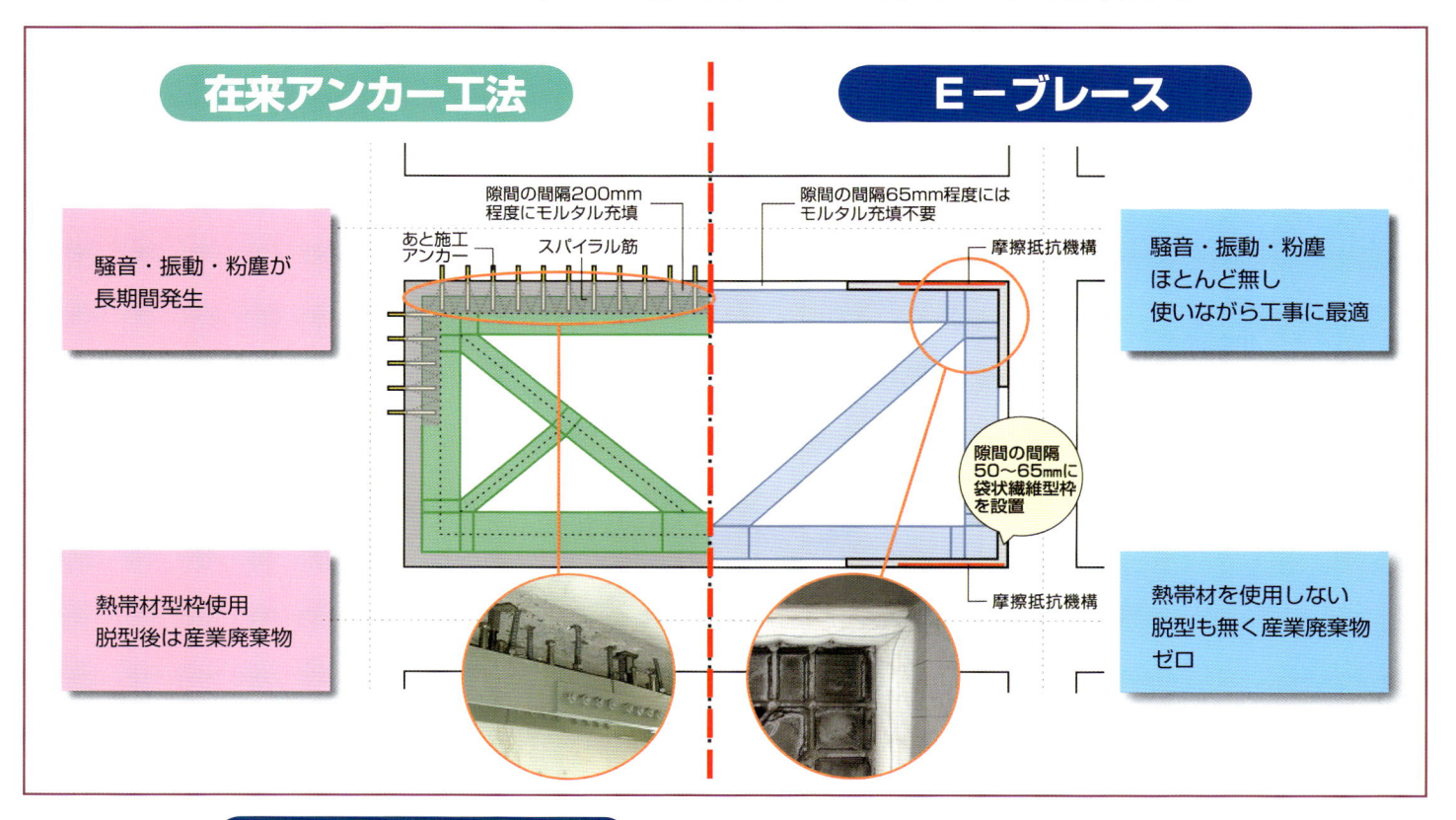

在来アンカー工法
- 騒音・振動・粉塵が長期間発生
- 熱帯材型枠使用 脱型後は産業廃棄物
- 隙間の間隔200mm程度にモルタル充填
- あと施工アンカー
- スパイラル筋

E－ブレース
- 隙間の間隔65mm程度にはモルタル充填不要
- 摩擦抵抗機構
- 隙間の間隔50～65mmに袋状繊維型枠を設置
- 騒音・振動・粉塵ほとんど無し 使いながら工事に最適
- 熱帯材を使用しない 脱型も無く産業廃棄物ゼロ

エコな袋状繊維型枠

袋状繊維型枠 断面図
- 空気と余剰水
- 空気と余剰水が排出された後モルタル粒子が目詰まりする
- 内圧確保 0.1～0.2 MPa

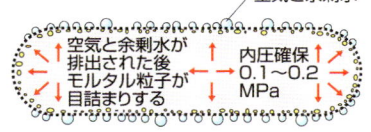

ブレース鉄骨枠と既存骨組との隙間に袋状繊維型枠を敷設し、その中に無収縮モルタルを圧入して一本化

- 注入用ホース
- 逆支弁
- 縫製加工
- 袋体

袋状繊維型枠の役目と機能

E－ブレースで使用する袋状繊維型枠は、無収縮モルタルを圧入した際に、空気と余剰水が排出されるように、消防用ホースと同素材に。特殊繊維型枠内部には空隙が生じず、水和反応に必要なだけの水が適度に残るので、高品質で、安定した強度が確保されます。

適正な袋状繊維型枠の使用で無収縮モルタル表面に気泡が出ない

春日井市　商工会館
（地産品サボテンをイメージし緑色にしたE－ブレース）

鉄骨ブレース簡易接合工法（SCUF）　通称：E－ブレース　（財）日本建築防災協会技術評価取得済：建防災発第2634号追加変更　E－ブレース：登録商標　第5231496

佐藤工業

「中央地域会」について

日本建築家協会（JIA）関東甲信越支部

「中央地域会」

日本建築家協会JIAは今日わが国の社会公共が必要とする、建築家の職能を確立するためのあらゆる活動を行う団体です。

建築家とは、「一般に、法律や慣習によって、プロフェッショナルにかつ、学問的に教育され、それぞれの法的管轄圏で建築業務を行なうための、登録／免許／証明を取得し、公正かつ持続可能な開発、国民の福祉、また、空間、形態、歴史的文脈の見地からの社会の居住スタイルの文化的表現を擁護することに責任を負う者」です。（国際建築家連合協定より）

20世紀後半に飛躍的発展をとげた我が国の生活環境にあって、個々の建築の質の向上は認められるとしても、その集合としての街や都市の現状には多くの問題が残されています。これら街や都市空間の質を向上させ、より豊かな環境を築くことは、今後われわれ建築家が取り組むべき最大の課題です。（JIAまちづくり憲章より）

日本建築家協会では、いままでの全国一律の単一会の特色は堅持しつつ、もうひとつの活動の主軸を「地域会」へ移行していくことになりました。これまでJIAが培ってきた職能の確立、研鑽、社会貢献などの活動拠点を、会員に身近な地域ごとの組織に移し、更に会員相互の交流を深めるためにも、互いに顔の見える「地域会」を中心として活動を進めていくことが求められています。

中央区は東京二十三区のほぼ中央に位置し江戸以来四百年にわたり、我が国の文化・商業・情報の中心として発展してきました。江戸五街道の起点「日本橋」、日本一の商業地「銀座」、東京の表玄関「八重洲」、日本の金融街「兜町」、食文化の拠点「築地」、江戸文化を伝える「佃」「月島」「晴海」と、歴史的にも文化的にも数々の個性的なまちが凝縮して存在しています。

この中央区に在住在勤している建築家が自らこのまちを、自分たち自身の目と手で確かめつつ、専門分野を活かした提言なり分析を行政や一般市民の方々に伝え、ともに考え、快適で安全に暮らせる建築・都市環境の構築に向けて地域貢献していきたいと考え、JIA中央地域会を二〇〇七年一月三十日に設立しました。

建築家とまちづくりのなかまたち

2007年1月30日

「中央地域会」設立趣意書

日本建築家協会関東甲信越支部

日本建築家協会（JIA）中央地域会設立準備会　発起人一同
（順不同、敬称略）

飯久保誠次、石川雅英、上野乗史、大内達史、大金直人、
大関勝彦、筬島亮、坂田保司、杉浦英一、鈴木俊作、橋本忠篤、
長谷川順持、藤沼傑、森暢郎

日本建築家協会 JIA では、いままでの全国一律の単一会の特色は堅持しつつ、もうひとつの活動の主軸を「地域会」へ移行していくことになりました。これまで JIA が培ってきた職能の確立、研鑽、社会貢献などの活動拠点を、会員に身近な地域ごとの組織に移し、更に会員相互の交流を深めるためにも、互いに顔の見える「地域会」を中心として活動を進めていくことが求められています。

我々 JIA 中央地域会設立準備会有志は、2006 年 7 月以来、数回の会合を重ね、10 月 31 日には千代田地域会と合同で街並みウォッチングと連携セミナーを実施しました。専門家や行政の方々とも、今後活動の可能性について協議を進めて、市民と行政のつなぎ役として通訳の役割を果たし、地域の応援団として活動を進めていきたいと考えております。

中央区は東京 23 区のほぼ中央に位置し江戸以来 400 年にわたり、我が国の文化・商業・情報の中心として発展してきました。江戸五街道の起点「日本橋」、日本一の商業地「銀座」、東京の表玄関「八重洲」、日本の金融街「兜町」、食文化の拠点「築地」、江戸文化を伝える「歌舞伎座」、ウォーターフロントの「佃」「月島」「晴海」と、歴史的にも文化的にも数々の個性的なまちが凝縮して存在しています。

我々が在住在勤しているこのまちを、自分たち自身の目と手で確かめつつ、専門分野を活かした提言なり分析を行政や一般市民の方々に伝え、ともに考え、快適で安全に暮らせる建築・都市環境の構築に向けて地域貢献していきたいと考え、JIA 中央地域会を設立します。

これまでの活動

設立時に始めた街並みウォッチングは、「たべる」シリーズとして年数回実施してきました。このシリーズの主旨は、地域貢献をするには、先ずはその街を知ろうということを「街をたべる」と表現したものです。最初はマップのようなものを作り始めましたが、実際に中央区の街を一時間程度「たべて」、その後その地域を代表するような食事処で親睦を深めると言うシリーズです。

設立時に先ずは岡本哲史氏の案内で銀座の路地を食べました（巻頭文章参照）。その後、人形町、日本橋、佃、小伝馬町、亀島川、築地などのシリーズを開催しました。

人形町では、既に半世紀以上の歴史がある「せともの市」を見学した後、昭和初期の民家のような風情がある、この地域では最も人気があるお好み焼松浪で食事をし、その後、これまた同じような昭和初期の民家と思われるバーボン太に行きました。ここは最上階の屋上が面白い。新川から佃へと路地の遠方に高層ビルが見える街をたべながら、最後は月島の路地にあるバンビでもんじゃ焼きを食べました。東京のど真ん中にありながら、お好み焼、もんじゃ焼きなどがあるところが面白い。

小伝馬町では、江戸の牢屋敷を見た後、村野藤吾の初期作品である近三ビル、その近くにありほぼ同じ年に竣工した山下寿郎設計の旧大洋商会ビルをたべました。同じ年代の対象的なデザインなので同じ日にたべると面白い。この二つのビルは管理者がしっかりビルの価値を認めながらビルを守っている。この日のしめくくりはうなぎの老舗、大江戸でした。

日本橋の街をたべるには、辰野金吾設計の日本銀行本店を表敬しなければなりません。残念なのは、かつてこの正面にあった長野宇平治設計の端正な横浜正金銀行東京支店が東京銀行によって解体され、現在の高層ビルが建ってしまったことです。この高層ビルが建設されなければ、東京銀行本店界隈は三井本館、三越と共に、クラシカルな街並みが残り、日本銀行本店も高層ビルから見下ろされた惨めな姿ではなく、辰野金吾が意図した日本銀行本店としての威厳も保てたかも知れません。この日は、三井美術館の話を聞いた後、蕎麦の老舗、室町砂場の元祖天ざるで締めくくりました。

建築家とまちづくりのなかまたち

中央区はかつて運河の街でしたので、ボートをチャーターし、日本銀行前から日本橋川を経て、亀島川を下ってみました。川から街をたべる会としては初めての試みでした。普段素通りしている橋が、川から見てその下をくぐると全く異なる表情を見せる。やはり橋は下から見るものなのかもしれない。亀島川は両端の水門により水位が安定しており、水辺空間活用には最も適している所です。かつて江戸の豊かな水辺空間をどのように復活させるか。阿部彰氏、高松巌氏、二瓶文隆氏らの熱い活動を聞き、その後、新川の陶板土火焼牛幸でご主人のこだわりを聞きました。

この後、中央区の区民カレッジにて、区民の方々と、亀島川の活用について、大変有意義な議論をしました。

シンポジウムの開催

会を設立してから、毎年の総会の後、及び不定期にセミナーを開催しています。このセミナーは基本的にどなたでも聴講できるものとし、最近は地域会のブログで告知すると共に会員の知人などをお招きして開催しています。

これまでに、吉田不曇副区長、東京都都市整備局市街地建築部長河村茂氏、吉田誠男伊場仙社長、建築界の名番頭遠藤勝勧氏、三井不動産株式会社日本橋街づくり推進部長中川俊広氏、築地魚河岸マグロ仲卸「鈴与」三代目店主生田與克氏等の方々のお話を聞きました。

こども空間ワークショップ

日本建築家協会は、こどもたちの空間環境育成にも力を入れています。昭和の後半頃からでしょうか、こどもたちのあそびの空間も時間も集団も小さくなり、外でみんなで遊ぶ機会が非常に少なくなってきています。建築の設計をしていると、幼い時の体験が空間認識の原風景となっていると感じることが良くあります。こどもの時に空間を感じ、じぶんたちで空間を作っていく経験から、豊かな街づくりへと繋がっていくと感じています。

2000年頃から「公園に街をつくろう！」など、こどもたちとの空間作り活動を始めています。その中でも、「空間ワークショップ」は、各地で開催される主要な活動に育っています。このワークショップでは、角材とジャンボゴムとを使い、建築家がファシリテーターとなり、こどもたちが空間作りをするものです。中央地域会でも、城東小学校で何度かこのワークショップを開催しました。また、他の地域でのワークショップにもお手伝いとして参加しています。

こども空間ワークショップ

Aグループ「マイエラの教会」

Cグループ「スターなトイレ」

城東小学校でのワークショップのねらいは学校およびJIAの経験から左記内容としています。

1. 建てたい家や活動を自らの課題としてとらえ、友達と協力して実践する力を育てる
2. 木材の組み合わせ方などを自ら主体的に判断し、試行錯誤によって問題を解決する力を育てる
3. 周りにどのような影響を与えるかを考えながら大きなものをつくることで、社会や環境に配慮する力を育てる

こどもたちと空間作りを始めると、こどもたちの目は本当に輝いてきます。もっと高いのとか、もっと大きなとか、そうだトイレが欲しいとか、素直で活発な意見が飛び出してきます。ワークショップの後、こどもたちに自分たちで作品を評価してもらっています。自主性・協調性・独創性・力強さ・美しさ・優しさについての評価した結果を分析すると、自主的に友達と協調して作業できたが、独創性は弱いと感じているグループ。他方、独創的な形だが、自主性については自信がないグループとができてきます。これは手伝った建築家の関与の仕方の違いと考えられます。自分たちで形を作ったという満足感と新しい形が出来てしまったという感動と、どちらが良いともちろん言えません。理想的には児童が自主的に独創的な形が出来ることを目指し、どのように建築家が指導していけばよいのか、経験と思考とを重ねていきながら、このワークショップを続けています。

こどもたちが育っているのは昔のように空き地や野原で自由な遊びをしていないとつくづく感じます。自分たちの基地を作ったこどもは少なく、不思議な空間の体験はゲームの中でしか冒険していないのかなと感じることが多々あります。それでも、角材がだんだん形になってきて、自分たちが作った空間が見えてきます。

保存問題

京橋三丁目にある 片倉工業旧本社ビルが解体されました。このビルは大正十一年竣工でしたから、八十六年目で解体されました。日本のビルの平均寿命が30年程度と言われていますので、約三倍の寿命でした。

JIA保存問題委員会は、このビルの歴史的価値を再認識していただけないかという要望書を片倉工業に解体前に提出し、中央地域会もその要望書に名を連ねました。この要望書は、全てを保存せよというものではなく、何らかの形で建物の価値を伝えられないか。そのために、建築家の専門家集団として出来ることはしますというものでした。

発表されている再開発案を見ますと、ごく平凡な意匠ですが、緑豊かな広場を計画しています。しかし、これまでの日本の建物の寿命を考えると、この再開発された建物も、多分三十年程度で解体される可能性が高い。二〇五〇年には、解体再開発が議論されていると予測します。

その時、今回のような保存問題が一般の人から出るのでしょうか？
中央地域会はこのほかに歌舞伎座や明石小学校の保存についても要望書に名を連ねました。中央区は東京のまさに中心であり、日本のGDPの主要な部分を担っていると言っても過言ではないでしょう。そのため、非常な速さで経済活動が展開されていて、新しいビルが次々に建設されています。保存問題とは最も縁が遠い所かもしれません。

中央区には東京都選定歴史的建造物として指定されているものが13箇所しかありません。その内橋が三つありますので、建物は僅か十軒です。いくら日本の経済活動の中心とはいえ、歴史への認識がこの程度で良いのでしょうか。三井不動産は日本橋の街づくりに、日本のアイデンティティーの復活をテーマとしています。言わば、歴史の商品化です。この地区で保存されている三井本館ビルは関東

建築家とまちづくりのなかまたち

大震災後に建設されたものです。関東大震災の2倍の地震にも耐える建物とするため、アメリカから最新の設計技術と建設工法を導入し、当時の一般的なビルと比較すると7倍もの建設費を投入したそうです。現代の資本主義では非常に難しいことですが、街のアイデンティティーとはこのような意思と資金力が必要なのかも知れません。アイデンティティーは歴史の積み重ねの中で醸成されていくものとするならば、歴史的景観への配慮がもう少しあっても良いかと思います。歴史的景観とは、昔のものを残すだけではなく、何を後世に残していくのかという事も含まれます。商品化されたアイデンティティーではなく、その時々の街の夢とか希望を未来につなげていく手法がないものでしょうか。

日本橋の上に高速道路が覆いかぶさっている景観は日本の都市計画の失敗の象徴のようなものとして扱われています。しかし、高速道路建設時は、未来の都市というものは、手塚治氏のアニメの都市の様に、高速道路が縦横無尽に走り、エアーカーと飛行機とが飛び交うものというイメージでした。高速道を建設した人々はそのような都市を夢見ながらあの道路を作っていったと弁護もできます。ただし、やはり実現した高速道路のデザインがあまりにも悪かった。つまり、近代都市として車が縦横無尽に飛び交う都市計画は良かったが、その都市デザインが稚拙だった。

いずれにせよ、この東京の中心、日本の中心であるこの場所で、都市づくりと保存問題とをどのように整合させるのかは大きな課題です。地方都市ならば、都市づくりと街づくりとはそれほど矛盾しないかもしれません。しかし、この中央区で、どのように歴史的景観としての建物と景観を保存すべきか、経済活動との バランスを保つべきか、それとも経済活動の一環として歴史を演出すべきか、これをここ中央区に在住そして在勤する人々とも議論していくことが我々中央地域会に課せられた使命とも言えます。

地域会の建築家が選んだ
中央区の「たべるところ」
~これまでの街歩きから~

1. 人形町　お好み焼　松浪
   電話：03-3666-7773
2. 水天宮　バー　ポン太
   電話：03-5634-0444
3. 新川　陶板土火焼　牛幸
   電話：03-3551-8980
4. 月島　もんじゃ焼き　バンビ
   電話：03-3531-6949
5. 日本橋本町　うなぎ　大江戸
   電話：03-3241-3838
6. 室町　蕎麦　砂場
   電話：03-3241-4038
7. 築地　寿司　寿司清
   電話：03-3544-1919
8. 日本橋　仕出し弁当　弁松
   電話：03-3279-2361
9. 水天宮　サンドウィッチ　まつむら
   電話：03-3666-3424
10. 室町　フルーツ　千疋屋
    電話：03-3241-1414

2009年

2月 28日	JIA 地域サミット
3月 28日	「亀島川をたべる会」（コーディネーター阿部彰氏）
	パネリスト：高松巖氏（八丁堀8代目。東京都公園協会水辺事業部長。
	法政大学大学院エコ地域デザイン研究所、元東京都港湾部長）
	二瓶文隆氏（中央区立月島第一小学校・中央区立第三中学校卒。中央区議会議員。
	水の都中央区をつくる会）
4月 25日	こども環境学会にて空間ワークショップ　支援
5月 7日	第4回総会
	記念講演　「江戸が目指したもの　東京が目指しているもの」
	東京都都市整備局市街地建築部長　河村　茂
5月 28日	区民コミュニティカレッジ　支援
～8月 6日	（計6回のセミナー内3回がワークショップ）
10月 31日	「建築家クラブ」での東京の地域会と都市デザイン部会との共催のセミナー
	「美しい東京を目指して－景観づくりにどう取り組むか？」
11月 7日	日本橋クルーズと東京スカイツリー見学会　参加
12月 3日	第3回　城東小学校　空間ワークショップ

2010年

1月	旧片倉工業本社ビル　保存問題　要望書を連名で提出
	歌舞伎座　保存問題　要望書を連名で提出
2月	中央地域会ブログ　表紙作成
3月	亀島川パンフレット　製本・印刷
4月 12日	第5回総会
	遠藤勝勧氏「人（設計者）は、現場を学ぶことにより、育つ」セミナー開催
4月 16日	明石小学校を始めとする「復興小学校」校舎保存・活用に関する要望書提出
5月 7日	中央地域会作品集　第1回編集会議
5月 20日	堀内広治写真展（アーキテクツオフィス　ギャラリー）
5月 24日	銀座街づくり会議　報告会
5月 29日	杉浦英一作品　内覧会
6月 2日	「アートと建築の発信を日本橋から」石川雅英氏講演
6月 17日	こんにちは、建築家です！展（長谷川順持等出展）
6月 26日	杉浦英一作品　内覧会
7月 9日	飛騨高山、本陣平野屋別館ロビー竣工（石川雅英作）
7月 10日	一般社団法人「建築家住宅の会」設立（長谷川順持等）
9月 10日	「築地をたべる会」
	「たまらねぇ場所　築地魚河岸」　講師：生田與克（いくたよしかつ）氏
10月 4日	UIFA ソウル大会　子供空間ワークショップ　ポスター展示（藤沼傑等）
10月 16日	仰高小学校　第2回空間ワークショップに参加
10月 29日	杉浦英一作品　内覧会
10月 28日	松元久子氏の企画展（アーキテクツオフィス　ギャラリー）
11月 29日	吉田不曇副区長との意見交換会（原稿依頼）
12月 5日	「谷中の家」内覧会　（西川直子氏）

2011年

1月 29日	「建築家ってどんな人？　建築家の素顔を知ろう」　INAX 銀座
3月 29日	アミューズミュージアム　牧野健太郎氏講演
5月	震災復興住宅プロジェクトを始動（長谷川順持等）
9月 24日	「森と生きる　木を活かす」展覧会・発表会
9月 28日	UIA 大会　中央区街歩きツアー

建築家とまちづくりのなかまたち

「中央地域会」の主な活動

日本建築家協会関東甲信越支部

2006年

7月 5日	準備会　中央地域会立ち上げについて協議
10月31日	中央区街並みウオッチング「築地・銀座界隈　路地再発見ツアー」
	千代田・中央合同セミナーの開催
11月28日	設立準備会
	設立趣意書・地域会規定・活動方針の協議、発起人の招集

2007年

1月30日	設立総会　準備会経緯説明、設立趣意書承認、地域会規定承認、役員選任
6月18日	JIAアーキテクツギャラリーに出展中央地域会「中央区をたべる」マップ展示
6月22日	2007年度総会開催
7月 6日	「杉浦英一の世界」展にて中央区マップも展示
7月29日	会員（長谷川）の作品 オープンハウス
8月 6日	「人形町をたべる会」せともの市を見ながら町見学、食視察
	東京フォーラム キッズフェスタ 空間ワークショップ支援
8月16日	中央区立城東小学校が参加
8月25日	齊藤友紀雄自邸オープンハウス
9月 1日	会員（杉浦）の作品 オープンハウス
10月20日	JIA大会 地域会シンポジウム参加
	子供ワークショップ支援
12月13日	「銀座をたべる会」最新のブランド店見学、食視察
12月19日	城東小学校 空間ワークショップ ボランティア活動

2008年

2月 8日	城東小学校 空間ワークショップ 文化祭支援
2月29日	「日本橋をたべる会」日銀、三井記念美術館視察、食視察
4月18日	第3回総会
	中川　俊広氏：日本橋の都市計画について講演
6月20日	「月島をたべる会」（コーディネーター長谷川順持氏）
6月27日	日本システム設計30周年展示会
7月 5日	オープンオフィス 「Steel structure Wrapped in Wooden frame」
	長谷川順持建築デザインオフィス（株）設計
7月13日	オープンハウス 「戸塚の家」
	杉浦英一建築設計事務所　設計
7月18日	仰高小　空間ワークショップ　支援
	セミナー「中央区の老舗に聞く江戸から平成のまちづくり」
	日本橋みゆき通り街づくり委員会会長
	伊場仙取締役社長吉田誠男氏講演
	座談会「地域活動における建築家の役割」
	長谷川順持氏（長谷川順持建築デザインオフィス㈱　JIA会員）
	吉田不曇　氏（中央区役所副区長）
	吉田誠男　氏（伊場仙　取締役社長）
	石川雅英　氏（アーキテクツオフィス　JIA会員）
	杉浦英一　氏（杉浦英一建築設計事務所　JIA会員）
11月25日	「小伝馬町をたべる会」（コーディネーター細井眞澄氏）
12月 5日	桜野小学校空間ワークショップ　支援

中央区を流れる運河

「中央区をたべる」マップ展

JIAアーキテクツギャラリー

城東小学校 空間ワークショップ

JIAアーキテクツギャラリー

鈴木俊作 （株）協立建築設計事務所
〒 104-0061　東京都中央区銀座 7-12-14
TEL 03-3542-4494　FAX 03-5148-3743
s-suzuki@kyoritsu-arc.co.jp　www.kyoritsu-arc.co.jp/

田中孝典 （株）山下設計
〒 103-8542　東京都中央区日本橋小網町 6-1
TEL 03-3249-1581　FAX 03-3249-1509
tanaka-t@yamashitasekkei.co.jp
www.yamashitasekkei.co.jp/

徳川宜子 （株）石橋徳川建築設計所
〒 104-0061 東京都中央区銀座 1-28-14
TEL 03-3567-2322　FAX 03-3567-2323
tokugawa@it-arch.co.jp　www.it-arch.co.jp/

西川 直子　企業組合建築ジャーナル
〒 101-0032　東京都千代田区岩本町 3-2-1 共同ビル
（新岩本町）7 F
TEL 03-3861-8101　FAX 03-3861-8205
nishikawa@kj-web.or.jp　www.kj-web.or.jp/

橋本忠篤 （株）山下設計
〒 103-8542　東京都中央区日本橋小網町 6-1
TEL 03-3249-1581　FAX 03-3249-1509
hashimoto-t@yamashitasekkei.co.jp
www.yamashitasekkei.co.jp/

長谷川順持　長谷川順持建築デザインオフィス（株）
〒 104-0033　東京都中央区新川 2-19-8-7F
TEL 03-3523-6063　FAX 03-3523-6066
jun-architect@office.email.ne.jp
www.interactive-concept.co.jp/

藤沼　傑 （株）山下設計
〒 103-8542　東京都中央区日本橋小網町 6-1
TEL 03-3249-1504　FAX 03-3249-1569
fujinuma@yamashitasekkei.co.jp
www.yamashitasekkei.co.jp/

星川晃二郎 （株）汎建築研究所
〒 103-0012　東京都中央区小伝馬町 6-13　日本橋岡野ビル
TEL 03-5623-3881　FAX 03-5623-3882
hosikawa@han-kenchiku.co.jp　www.han-kenchiku.co.jp/

細井眞澄 （株）真澄建築設計社
〒 103-0023 東京都中央区日本橋本町 4-12-11
日本橋中央ビル 2 F
TEL 03-3669-0690　FAX 03-3669-0693
m111.masumi@nifty.ne.jp
homepage3.nifty.com/masumi-sekkei/

三宅信夫 （株）山下設計
〒 103-8542　東京都中央区日本橋小網町 6-1
TEL 03-3249-1555　FAX 03-3249-1529
miyake-n@yamashitasekkei.co.jp
www.yamashitasekkei.co.jp/

森　暢郎 （株）山下設計
〒 103-8542　東京都中央区日本橋小網町 6-1
TEL 03-3249-1581　FAX 03-3249-1509
mori@yamashitasekkei.co.jp　www.yamashitasekkei.co.jp/

安田俊也 （株）山下設計
〒 103-8542　東京都中央区日本橋小網町 6-1
TEL 03-3249-1555　FAX 03-3249-1529
yasuda-t@yamashitasekkei.co.jp
www.yamashitasekkei.co.jp/

山下　稔 （株）山下設計
〒 103-8542　東京都中央区日本橋小網町 6-1
TEL 03-3249-1581　FAX 03-3249-1509
yamashita-m@yamashitasekkei.co.jp
www.yamashitasekkei.co.jp/

山本浩三 （株）山本浩三都市建築研究所
〒 104-0051 東京都中央区佃 1-11-3-510
TEL 03-3536-2667　FAX 03-3532-6811
kya-arch@zc4.so-net.ne.jp　www.yamamoto-arc.jp/

横山孝治 （株）山下設計
〒 103-8542　東京都中央区日本橋小網町 6-1
TEL 03-3249-1581　FAX 03-3249-1509
www.yamashitasekkei.co.jp/

準会員

清田　進　　（株）協立建築設計事務所
黒田信吾　　（株）山下設計
首藤雅子　　（株）山下設計
吉田　実　　（株）山下設計

「中央地域会」会員名簿

日本建築家協会関東甲信越支部

会　員

相原俊弘　(株)エス・デー・ジー
〒103-0025 東京都中央区日本橋茅場町1-12-4 茅場町会館9階
TEL 03-3662-6781　FAX 03-3662-6782
sdg@d9.dion.ne.jp

秋山英樹　(株)ユニ総合計画
〒103-0026 東京都中央区日本橋兜町 7-7 芥川ビル 7 F
TEL 03-5695-1468　FAX 03-5695-6220
akiyama@uni21.co.jp　www.uni21.co.jp/

安藤照代　(株)東京団地補償一級建築事務所
〒103-0025　東京都中央区日本橋茅場町 2-16-4　柴宗ビル
TEL 03-3808-1871　FAX 03-3808-1655
ricefish-a@nifty.com

飯島庸司　(株)ジムス建築設計事務所
〒104-0042 東京都中央区入船 2-5-6 入船大野ビル 3 F
TEL 03-3297-0105　FAX 03-3297-0106
jims@cf.mbn.or.jp　www.jims.co.jp/

石井靖人　(株)山下設計
〒103-8542　東京都中央区日本橋小網町 6-1
TEL 03-3249-1555　FAX 03-3249-1529
ishii-y@yamashitasekkei.co.jp
www.yamashitasekkei.co.jp/

石川雅英　アーキテクツオフィス
〒103-8542　東京都中央区日本橋小網町 16-16
TEL 03-5847-7785　FAX 03-5847-7788
architectsoffice@cotton.ocn.ne.jp　www.rvstone.com/

上野乗史　(株)協立建築設計事務所
〒104-0061　東京都中央区銀座 7-12-14
TEL 03-3542-4494　FAX 03-5148-3743
j-ueno@kyoritsu-arc.co.jp　www.kyoritsu-arc.co.jp/

及川政志　(株)空間設計
〒104-0032 中央区八丁堀 3-19-9 ジオ八丁堀 3 階
TEL 03-3553-4411　FAX 03-3553-4437
ksc@kuhkan.co.jp　www.kuhkan.co.jp/

大内達史　(株)協立建築設計事務所
〒104-0061　東京都中央区銀座 7-12-14
TEL 03-3542-4494　FAX 03-5148-3743
t-oouchi@kyoritsu-arc.co.jp　www.kyoritsu-arc.co.jp/

大金直人　(株)アルクデザイン・パートナーズ
〒103-0024　東京都中央区日本橋小舟町 4-11
第2南川ビル 6F
TEL 03-3664-3135　FAX 03-3664-3136
arcdp@yahoo.co.jp　www3.to/arcdesign/

小川　保　(株)ニッテイ建築設計
〒103-0016　東京都中央区日本橋小網町 18-3
TEL 03-3664-1467　FAX 03-3664-1792
ogawa-t@nitteiken.co.jp　www.nitteiken.co.jp/

筬島　亮　(株)山下設計
〒103-8542　東京都中央区日本橋小網町 6-1
TEL 03-3249-1588　FAX 03-3249-1539
osajima@yamashitasekkei.co.jp　www.yamashitasekkei.co.jp/

小田惠介　東西建築サービス (株)
〒103-0002　東京都中央区日本橋馬喰町 2-1-1
TEL 03-3663-1765　FAX 03-3661-7663
k.oda@tozai.co.jp　www.tozai.co.jp/

後藤哲男　(有)後藤設計室・アーキシップ帆
〒104-0032　東京都中央区八丁堀 3-21-3-804
TEL 03-3553-5464　FAX 050-3405-4792
tous510@nifty.com　tous8.com/

河原　泰　河原泰建築研究所
〒103-0024　東京都中央区日本橋小舟町 14-10　中町ビル 2B
TEL 03-3664-5887　FAX 03-3664-5899
yutaka.kawahara_ds@nifty.com
thomepage3.nifty.com/kawahara_ds/

齊藤智美　(株)TOM建築研究所
〒103-0021　東京都中央区日本橋本石町 4-2-2 USビル 401
TEL 03-3272-1112　FAX 03-3272-1113
t.o.m-ts@proof.ocn.ne.jp

齊藤友紀雄　(株)日本システム設計
〒103-0013 東京都中央区日本橋人形町 2-9-5 NSビル
TEL 03-3668-0618　FAX 03-3668-3648
saito@nittem.co.jp　www.nittem.co.jp/

坂田保司　(株)山下設計
〒103-8542　東京都中央区日本橋小網町 6-1
TEL 03-3249-1555　FAX 03-3249-1529
sakata@yamashitasekkei.co.jp　www.yamashitasekkei.co.jp/

佐藤　守　(有)後藤設計室・アーキシップ帆
〒104-0032　東京都中央区八丁堀 3-21-3-804
TEL 03-3553-5464　FAX 050-3405-4792
tous510@nifty.com　tous8.com/

杉浦英一　(株)杉浦英一建築設計事務所
〒104-0061　東京都中央区銀座 1-28-16-2F
TEL 03-3562-0309　FAX 03-3562-0204
sugiura@sugiura-arch.co.jp　www.sugiura-arch.co.jp/

五十音順

Quality gives priority to all
白石建設株式会社

〒166-8540　東京都杉並区高円寺南 4-15-11
電話（03）3314-1101
http://www.shiraishi-ken.co.jp

新日本空調株式会社

〒103-0007　東京都中央区日本橋浜町 2-31-1
　　　　　　浜町センタービル
電話（03）3639-2700　FAX.（03）3639-2732
http://www.snk.co.jp

大成建設株式会社

〒163-0606　東京都新宿区
西新宿 1-25-1 新宿センタービル
電話（03）3348-1111
http://www.taisei.co.jp

TAISEI
For a Lively World

DAIKO 大光電機株式会社

大光電機 株式会社
〒541-0043　大阪市中央区高麗橋 3-2-7
電話（06）6222-6224
http://www.lighting-daiko.co.jp

中央都市鑑定

株式会社中央都市鑑定
104-0045　東京都中央区築地 2-15-15-704
電話（03）3248-5272　FAX.（03）3248-5273

呼吸する建材 さわやかせっこうボード
チヨダウーテ株式会社

〒510-8570　三重県三重郡川越町高松 928
電話（095）363-5555　FAX.（095）363-5553
http://www.chiyoda-ute.co.jp

東亜鉄工建設株式会社

〒490-1412　愛知県弥富市馬ケ地 3-156
電話（0567）52-2064　FAX.（0567）52-1817

株式会社日本システム設計

〒103-0013　東京都中央区日本橋人形町 2-9-5
電話（03）3668-0618　FAX.（03）3648
http://www.nittem.co.jp

株式会社 則武工務店

〒104-0054　東京都中央区勝どき 2-7-9
電話（03）3531-6311　FAX.（03）3531-3157
http://www.noritake-con.com

PS ピーエス暖房機株式会社

〒151-0063　東京都渋谷区富ヶ谷 1-1-3
電話（03）3469-7121　FAX.（03）3485-8834
http://www.ps-group.co.jp

松井建設株式会社

〒104-8281　東京都中央区新川 1-17-22
電話（03）3553-1151　FAX.（03）3553-1152
http://www.matsui-ken.co.jp

株式会社 松下産業
総合建設業

〒113-8447　東京都文京区本郷 1-34-4
電話（03）3814-6901　FAX.（03）3815-0771
http://www.mats.co.jp

MK MEIKEN

銘建工業株式会社
東京事務所：〒103-0004　東京都中央区東日本橋 1-1-5
ヒューリック東日本橋ビル 9 階
電話（03）5835-5610　FAX.（03）5835-5625
http://www.meikenkogyo.com

協力企業一覧表

ITEC

アイテック株式会社
〒104-0033 東京都中央区新川 1-25-12
　　　　　新川フロンティアビル
電話（03）6222-4976　FAX.（03）6222-4980
http://www.itec-ltd.co.jp

回向プランニング

株式会社 回向プランニング
〒063-0801 札幌市西区二十四軒 1 条 5 丁目 1-2
電話（011）616-1309　FAX.（011）618-7305
http://www.ekou-p.co.jp

元旦ビューティ工業株式会社

〒252-0804 神奈川県藤沢市湘南台 1-1-21
電話（0466）45-8771　FAX.（0466）45-3031
http://www.gantan.co.jp

北川共同法律事務所

〒102-0093 東京都千代田区平河町 1-2-2　朝日ビル 3 F
電話（03）3239-7175　FAX.（03）3239-7176
http://www.kitagawa-law.jp

北野建設

北野建設株式会社　東京本社
〒104-0061 東京都中央区銀座 1-9-2
　電話（03）3562-2331（代）
http://www.kitano.co.jp

株式会社 クックフレンド

〒103-0015 東京都中央区日本橋箱崎町 32-3-213
電話（03）3663-3191　FAX.（03）3663-3193
cookfriend01@yahoo.co.jp

間仕切の総合メーカー 小松ウォール

小松ウォ
本社　〒
電話（0
http://w

東京支店
電話（0

Ko

株式会社
〒116-0
電話（0

佐藤工

〒103-
電話（
http://v

株式会社 佐藤秀

〒160-8433 東京都新宿区新宿 5-6-11
電話（03）3225-0315　FAX.（03）3225-0361
http://www.satohide.co.jp

SANKEN

三建設備工業株式会社
〒103-0014 東京都中央区日本橋蛎殻町 1-35-8
電話（03）3667-3431（大代）
http://http://skk.jp

清水建設

清水建設株式会社
〒105-8007 東京都港区芝浦 1-2-3　シーバンス S 館
電話（03）5441-1111（代）
http://www.shimz.co.jp

編集後記

この作品集の企画は2010年5月の定例会会合から始まり、6月に企画案の草稿を出し、2010年9月から中央地域会会員に原稿を依頼し始めた。2011年8月には出版する予定だが、震災などの影響もあり、会員皆様の暖かい支援、そして何よりも粘り強く企画を進めた 建築ジャーナルの西川氏の尽力によりようやく出版できたことに感謝します。

完成した本を一読すると、最初の印象はこの本は何だろうかという疑問である。それは、そのまま東京都中央区における建築家の地域活動とは何だろうかということであり、さらに広がって現代社会において都心における地域活動とは何だろうかという疑問に発展する。

中央区の人口は住民票では約12万人（2010）、常住人口は約10万人（2005）、昼間人口は約65万人（2005）である。つまり、昼夜間人口比率は約660％、千代田区（約2000％）に続いて全国で最も高い地域である。中央区の住民の4割は月島であり、この月島を除くと、昼夜間人口比率は千代田区を抜いて全国トップとなるだろう。JIA中央地域会の会員のほとんどは在勤者であり、在住者はわずか数名しかいない。

このように、昼夜間人口比率が極端に高い地域での「地域会活動」とは何だろうか。

中央区の世帯数は約7万戸である。個人住宅の寿命を少し長く50年としても、世帯数7万を割って、年間1400戸の住宅が必要となる。一戸建住宅ならば建築家が50人から100人必要となる。しかし、中央区ではほとんどが高層住宅であり、1400戸の高層住宅なら建築家は数人で十分である。住民がまちづくりに直接かかわるのは、やはり自宅を建てるときである。人口7万人の一般的なまちづくりを考えるときでは、住民とともにまちづくりを考える建築家が数十人はいるが、中央区では数人しか必要としていない。

もう一つは、高層住宅問題である。中央区の4割は月島に住み、そのほとんどが高層住宅である。人口動態から分析しても、中央区の1995年の常住人口は約6万人に対して2005年は約10万人へと約4

人増えている。この増加分のほとんどが高層住宅に住んでいると考えられる。高層住宅の住人は、戸建住宅の住人と比較すると、建築家のようなまちづくりの専門家と接触する機会が少ない。今回の震災で、高層住宅は建物としては震災に強いが、高層生活は脆いということが改めて認識された。そこに、在勤者建築家が、数少ない在住者建築家とともに地域活動を展開する役割があるのかもしれない。

経済活動が巨大な都心においては、そこに住む人だけでなく、そこに働く人の基本的な生活の潤いが犠牲になる。行政はこの区長の文章で理解できた。在勤者といえども、その過半を過ごす地域の活動に参加する義務があるということを改めて認識している。この本を出版できたことを土台に、今後も建築家としての職能を充足するため、中央区における地域会活動を模索していきたい。

くりを考えることになるが、国際都市東京層住宅にすんでいると考えられる。高層住宅活動はあるのだろうか。この本を見る限り、そのような活動は現実的には少なく、建築家のようなまちづくりの専門家で、中央区に在勤している建築家のほとんどは区外の建築を設計している。

この現実に何か問題があるだろうか。

JIA中央地域会の会合では、少なくとも二つ問題があると議論している。一つは、今回の震災で明らかになった、帰宅難民の問題である。在勤者建築家も帰宅難民の一員であるので、自分たちの問題として取り組む必要がある。これほど多くの帰宅難民が都内に泊まるということを想定していなかったと言う。都心の事務所ビルの計画においてこうした帰宅難民に対してどのような計画が必要か、建築家の知恵が必要である。

（藤沼 傑）

建築家とまちづくりのなかまたち

2012年3月20日　印刷
2012年4月20日　初版発行

編著
社団法人日本建築家協会関東甲信越支部
　中央地域会
〒150-0001
東京都渋谷区神宮前2-3-18　JIA館
　　TEL. 03-3408-8291
　　FAX .03-3408-8294
　　http://chuouchiik.exblog.jp/

発行所　企業組合建築ジャーナル
〒101-0032
東京都千代田区岩本町3-2-1
　共同ビル（新岩本町）7F
　　TEL. 03-3861-8104
　　FAX 03-3861-8205
　　http://www.kj-web.or.jp

企画　中央地域会の本ワーキンググループ
編集長　　　　　藤沼　傑
表紙カバーデザイン　山本浩三
　　　　　　　　小田恵介

装丁・デザイン　　木村　勉
編　集　　　　　西川直子
印刷・製本　　　株式会社マル企画

定価はカバーに表示されています
© 2012
日本建築家協会関東甲信越支部中央地域会
ISBN 978-4-86035-081-9
無断転載・複写を禁じます
落丁・乱丁はお取り替えいたします